QUINUA

Avances Científicos y Tecnológicos

QUINUA

Avances Científicos y Tecnológicos

EDITORES

Franz Zirena Vilca

Valdemar Luiz Tornisielo

FEALQ

Av. Centenário, 1080
13416-000 Piracicaba, SP, Brasil

Fone: 19-3417-6609
Fax: 19-3422-2755

livros@fealq.org.br
fealq.org.br

Dados Internacionais de Catalogação na Publicação (CIP)
DIVISÃO DE BIBLIOTECA E DOCUMENTAÇÃO - Esalq/USP

Vilca, Franz Zirena
Quinoa: avanços científicos e tecnológicos = Quinua: avances científicos y tecnológicos / edição de Franz Zirena Vilca e Valdemar Luiz Tornisielo. - - Piracicaba: FEALQ, 2015.
119 p. : il.

Texto em português e espanhol
Bibliografia.
ISBN: 978-85-7133-080-1

1. Cereais 2. Quinoa I. Tornisielo, V. L. II. Título

CDD 633.1
V699q

ISBN 978-85-7133-080-1

Sumário

QUINOA

Avanços Científicos e Tecnológicos

QUINOA

Avanços Científicos e Tecnológicos

EDITORES
Franz Zirena Vilca
Valdemar Luiz Tornisielo

FEALQ

© FUNDAÇÃO DE ESTUDOS AGRÁRIOS
LUIZ DE QUEIROZ – FEALQ

Av. Centenário, 1080
13416-000 Piracicaba, SP, Brasil

Fone: 19-3417-6609
Fax: 19-3422-2755

livros@fealq.org.br
fealq.org.br

Dados Internacionais de Catalogação na Publicação (CIP)
DIVISÃO DE BIBLIOTECA E DOCUMENTAÇÃO - Esalq/USP

Vilca, Franz Zirena
Quinoa: avanços científicos e tecnológicos = Quinua: avances científicos y tecnológicos / edição de Franz Zirena Vilca e Valdemar Luiz Tornisielo. - - Piracicaba: FEALQ, 2015.
110 p. : il.

Texto em português e espanhol
Bibliografia.
ISBN: 978-85-7133-080-1

1. Cereais 2. Quinoa I. Tornisielo, V. L. II. Título

CDD 633.1
V699q

ISBN 978-85-7133-080-1

Sumário

A Samantha Rosidé Zirena Choque
Rosalinda Cruz Ordoñez
Julia Alleoni Tornisielo

"Ninguém é suficientemente perfeito
que não possa aprender com o outro, e ninguém
é totalmente destituído de valores que não possa
ensinar algo ao seu irmão."
São Francisco de Assis

Prefácio

Estudos contemporâneos sobre as propriedades e virtudes dos grãos de quinoa multiplicaram-se, ironicamente, em países onde o cultivo é nulo, como no caso dos Estados Unidos, ou esporádico, como nos países europeus.

Esperamos que este estudo sintético resulte em um compêndio bem elaborado da pesquisa científica realizada em todo o mundo, para avaliar os benefícios das proteínas, vitaminas e outros nutrientes da quinoa, contribuindo para o bem-estar da humanidade, que cada vez mais exige produtos naturais como alimento.

A quinoa é, para os povos alto-andinos (Bolívia, Equador e Peru), uma verdadeira panaceia, mas ainda não é valorizada a sua real dimensão benéfica. Daí a importância de redescobrir, para essas populações, o seu valor nutritivo e oferecer ao mundo esse produto ancestral, conhecido já pelos incas no extenso Tawantinsuyu.

No Peru, nos últimos anos, a produção desse grão cresceu 41% e, graças ao Tratato de Livre Comércio com a China, em vigor desde 2010, projeta-se exportar o grão para consolidar um universo de um milhão e meio de consumidores no gigante Tigre Asiático.

Ultimamente, a quinoa está presente não apenas na mesa popular, mas também na cozinha gourmet. Esperamos que, em breve, com a valorização e divulgação da sua riqueza proteica e nutricional, os restaurantes ingleses, franceses, italianos, chineses, coreanos e outros ofereçam no seu menu: sopas, cremes, guisados, mingaus, nectares e suco do grão milagroso da quinoa, tão antiga e tão atual.

Considero que esse é o interesse da investigação apresentada neste livro: a quinoa dos Andes para o mundo.

Frei Ernesto Chambi Cruz OFM

Agradecimentos

Inicialmente, queremos agradecer a Deus, pela oportunidade de existir e poder oferecer esta pequena contribuição para o desenvolvimento da agricultura do homem dos Andes.

Em particular, agradecemos a todos os autores e coautores dos capítulos, jovens pesquisadores da melhor universidade da América Latina, a Universidade de São Paulo, Brasil, todos eles autores de uma reconhecida produção técnico-científica.

Também queremos agradecer infinitamente ao diretor da organização não governamental Cirnma, na pessoa do engenheiro Roberto Valdivia, que desde o início colaborou diretamente na revisão deste livro.

Agradecemos ainda a todos os profissionais que dedicaram seu valioso tempo para realizar a revisão técnico-científica deste livro, na pessoa do engenheiro Angel Cari Choquehuanca, reconhecido profissional peruano, especialista em manejo e conservação de solos, e à engenheira Rosario Bravo Portocarrero, reconhecida profissional peruana especialista em manejo de pragas da quinoa.

Sobre os editores

Franz Zirena Vilca é graduado em Engenharia Agronômica pela Universidade Nacional do Altiplano, Puno, Peru. Possui mestrado em Agricultura Andina pela mesma universidade. É doutor em Ciências, área de concentração Ecologia Aplicada, pela Universidade de São Paulo. Realiza trabalhos de pesquisa, com ênfase no desenvolvimento e na validação de métodos de análise cromatográficos, utilizando sistemas de cromatografia de fase líquida e gasosa acoplados a analisadores de massas para estudo de resíduos de pesticidas e poluentes orgânicos persistentes (POPs) em alimentos e matrizes ambientais. Fez pós-doutorado no Centro de Energia Nuclear na Agricultura da Universidade de São Paulo.

Valdemar Luiz Tornisielo é graduado em Ecologia pela Universidade Estadual Paulista Julio de Mesquita Filho. Possui mestrado em Entomologia e doutorado em Tecnologia Nuclear pela Universidade de São Paulo. Tem ampla experiência em cromatografia gasosa, análise de resíduos de pesticidas em água, peixes, alimentos. Estuda o comportamento de pesticidas no solo utilizando técnicas nucleares C-14. Reúne experiência em síntese de pesticidas radiomarcados. Atualmente, realiza estudos sobre resíduos de fármacos em ambientes terrestres e aquáticos, avaliando seu comportamento, com a utilização de técnicas nucleares. É professor doutor do Centro de Energia Nuclear na Agricultura da Universidade de São Paulo.

1

Avanços científicos e tecnológicos em quinoa

Franz Zirena Vilca[1,2]
Lucineide Aparecida Maranho[1]
Valdemar Luiz Tornisielo[1]

Introdução

A falta de um trabalho de revisão de caráter claramente científico sobre a cultura da quinoa e os últimos avanços científicos motivou a realização deste trabalho. Ele está baseado em artigos publicados em revistas indexadas na maior base de dados do meio científico, a Web of Knowledge, com trabalhos apresentados em eventos científicos internacionais. Grande parte das informações aqui expostas foram recolhidas de revistas científicas que, em sua maioria, são de acesso restrito, disponibilizadas apenas à comunidade científica.

1. Centro de Energia Nuclear na Agricultura da Universidade de São Paulo – Cena/USP. Av. Centenário, 303. Caixa Postal 96, Cep 13400-970. Piracicaba, SP, Brasil.
2. franz-cena-usp@hotmail.com

A quinoa (*Chenopodium quinoa* Willd.) é uma cultura ancestral, que teve início há mais de 5 mil anos. Sua origem e domesticação ocorreram na região andina, com concentração específica na Bacia do Lago Titicaca, do Peru e da Bolívia. Atualmente, são três os principais países produtores desse grão: Peru, Bolívia e Equador. Juntando Peru e Bolívia, tem-se uma produção superior a 40 mil toneladas/ano (Gráficos 1 e 2), que alcançou a média de 25.900 toneladas anuais durante o período de 1992-2010 (Faostat, 2012). Devido às suas características nutricionais (Dini et al., 2002, 2005), em outros países, como Argentina, Chile, Estados Unidos, Canadá e Alemanha, há muito interesse em incorporar consideráveis extensões desse grão andino. Jubete et al. (2009) destacam o conteúdo de macronutrientes e minerais da quinoa, em comparação com outros grãos (Tabelas 1 e 2). Por essas características, somadas à sua importância no mercado mundial, o ano de 2013 foi declarado Ano Internacional da Quinoa pelas Nações Unidas (Agronotícias, 2012).

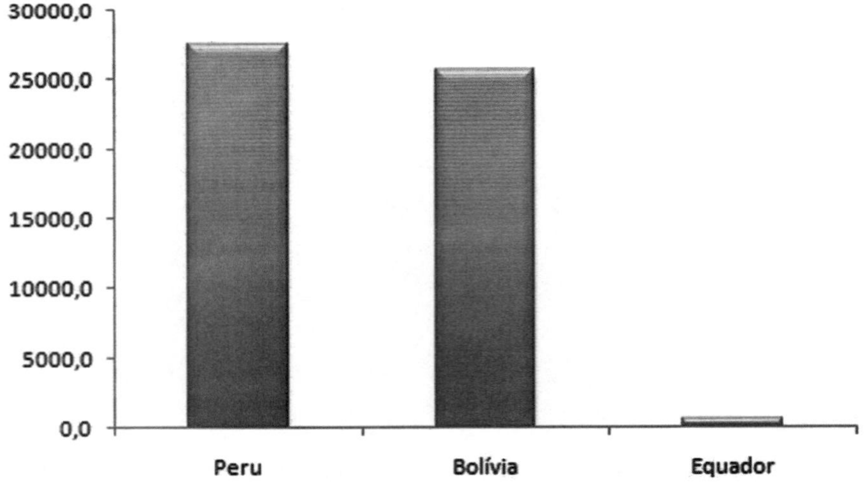

Gráfico 1. Produção anual de quinoa nos principais países produtores (média 1992-2012), em toneladas. Fonte: Faostat (2012).

Como possui qualidade nutricional excelente (Jacobsen, 2003), e pelo seu nível de proteínas, a quinoa pode ser considerada um alimento multifuncional. Também contém níveis significativos de aminoácidos, tais como a lisina, a metionina e a treonina, compostos deficientes em cereais. Esse grão é usado para preparar diferentes produtos alimentícios, tais como pães, biscoitos, crepes, panquecas, bolos e tortilhas.

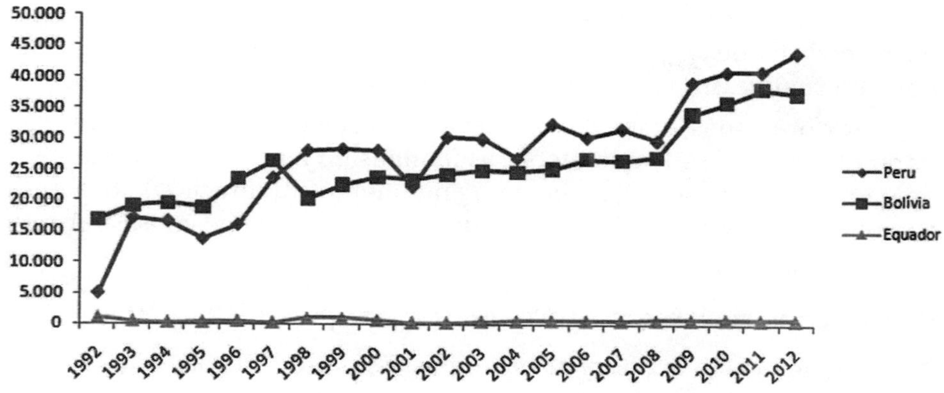

Gráfico 2. Evolução da produção anual de quinoa nos maiores países produtores do grão (1992-2012). Fonte: Faostat (2012).

Tabela 1. Comparativo do conteúdo de minerais em amaranto, quinoa e trigo (apresentados em mg 100 g^{-1} de peso seco e desvio-padrão).

Semente	Cálcio	Magnésio	Zinco	Ferro
Amaranto	180,1 ± 6,1	279,2 ± 1,1	1,6 ± 0	9,2 ± 0,2
Quinoa	32,9 ± 3,3	206,8 ± 6,4	1,8 ± 0	5,5 ± 0,5
Trigo	34,8 ± 0	96,4 ± 3,7	1,2 ± 0,1	3,3 ± 0,1

Fonte: Jubete et al. (2009). Os fatores para a conversão do nitrogênio para proteína são: 5,85, 5,96, 5,70 e 5,70 para a quinoa, amaranto, trigo-sarraceno e trigo, respectivamente.

Tabela 2. Macronutrientes de amaranto, quinoa, trigo-sarraceno e trigo (expressos em porcentagem de peso seco básico e desvio-padrão).

Semente	Proteínas	Gorduras	Amido total	Fibra dietética	Cinzas
Amaranto	16,5 ± 0,3	5,7 ± 0,3	61,4 ± 0,8	20,6 ± 1,1	2,8 ± 0,1
Quinoa	14,5 ± 0,3	5,2 ± 0,1	64,2 ± 1,3	14,2 ± 0,6	2,7 ± 0,1
Trigo-sarraceno	12,5 ± 0,3	2,1 ± 0,1	58,9 ± 1,3	29,5 ± 1,2	2,1 ± 0,1
Trigo	12,0 ± 0,1	2,5 ± 0,1	63,0 ± 1,4	17,4 ± 1,2	1,5 ± 0,1

Fonte: Jubete et al. (2009).

Vêm sendo realizadas pesquisas sobre o uso da quinoa como alimento para pessoas que apresentam a doença celíaca (alergia ao glúten), como uma alternativa aos cereais trigo, centeio e cevada, que contêm glúten.

Devido a todas essas características, exclusivas dessa cultura, sua importância e presença na dieta das famílias no mundo vem aumentando e torna-se necessário conhecer o andamento e a direção da pesquisa científica sobre a cultura de quinoa, de modo a orientar pesquisas futuras.

Publicações científicas sobre quinoa por país (2004-2012)

Foi realizada uma busca na base científica Web of Knowledge a partir da palavra "quinoa". Foram consideradas as publicações dos anos de 2004 a 2012 e identificados os 51 países de origem dos artigos científicos nesse período. A identificação da origem do artigo científico foi realizada com base no endereço de referência nele mencionado. A maioria dos endereços pertence a instituições líderes dos grupos de pesquisa que desenvolveram o trabalho.

Foram encontrados 403 artigos relacionados à quinoa, publicados entre janeiro de 2004 e abril de 2012. Os Estados Unidos da América aparecem na liderança, com um total de 48 publicações (Gráfico 3), seguidos pela Argentina, com 31 publicações. Destacam-se outros países, como: Itália (29 publicações), Chile (24), Japão (22), Brasil (21) e Índia (21), entre outros que publicaram resultados de pesquisas sobre a quinoa. De outra parte, é desanimador observar o pouco aporte científico de Peru, Bolívia e Equador, considerados países de origem da maior riqueza dessa espécie. A contribuição do Peru limita-se a 7 publicações, e a da Bolívia, a 5. Essa situação leva a uma séria reflexão sobre o desenvolvimento das pesquisas científicas e a importância de distribuir recursos às instituições voltadas para a pesquisa (universidades, institutos de pesquisa). Ressalte-se que muitos dos trabalhos publicados foram baseados em dados obtidos no Peru e na Bolívia, os maiores produtores de quinoa. É grande a responsabilidade dos centros de pesquisa, das universidades e dos órgãos relacionados à pesquisa dessa cultura para incrementar o desenvolvimento de contribuições científicas de qualidade.

É interessante e estimulante constatar que vários países estão interessados em investigar diferentes aspectos da quinoa (Gráfico 3).

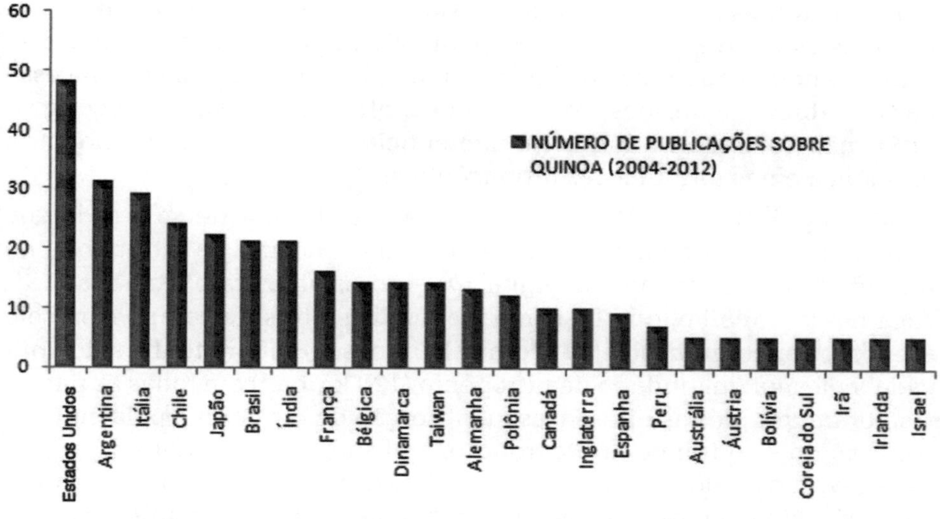

Gráfico 3. Número de artigos científicos relacionados à cultura da quinoa publicados em revistas indexadas na Web of Knowledge. Informação processada até 12 de abril de 2012.

Resumos de artigos científicos publicados na Web of Knowledge relacionados à quinoa

Nesta parte são apresentados, de forma resumida, os trabalhos científicos relacionados à quinoa publicados de janeiro a junho de 2012, na Web of Knowledge.

Rayner et al. (2012) mencionaram em seu trabalho que as chamadas estabilizações Pickering possuem muitas propriedades benéficas, incluindo o fato de serem extremadamente estáveis. Nesse trabalho, foram utilizados grânulos de amido isolados de quinoa como estabilizadores da emulsão. Os grânulos intactos, de 1 a 3 μm de diâmetro, foram modificados com anidrido octenilsuccínico, para aumentar a sua hidrofobicidade. Esses grânulos, ao contrário da maioria das partículas usadas para gerar estabilizações Pickering, são comestíveis, abundantes e derivados de fontes naturais. As emulsões produzidas por homogeneização de alto cisalhamento possuíam gotas de 9 a 70 μm, dependendo da proporção de amido e óleo. O tamanho das gotas diminuiu com o aumento da proporção de óleo de amido, mas não foi afetado pelo volume de fase oleosa na faixa de óleo de 5 a 33% (v/v). No caso das gotas grandes, que formaram creme, seu tamanho permaneceu inalterado durante um período de sete dias. Os autores observaram que, ajustando a relação amido/óleo, as gotas poderiam tornar-se flutuantes, para evitar a formação de creme. Seu trabalho demonstra o uso de grânulos de amido de quinoa com sucesso para estabilizar emulsões. Podem ser encontradas aplicações desses grânulos não somente na indústria alimentícia, mas também na indústria cosmética e nas formulações farmacêuticas.

Razzaghi et al. (2012) avaliaram o efeito do tipo de solo e da sua aridez, na fase de recheio das sementes, no consumo de nitrogênio, no rendimento e no consumo de água. Os autores utilizaram o cultivar Titicaca nesse trabalho, que foi semeado em lisímetros de campo com solo arenoso, franco-arenoso e franco-argiloarenoso. Embora tenha sido aplicada a mesma quantidade de nitrogênio (120 $kg.ha^{-1}$) em todas as parcelas, foram grandes as diferenças na absorção de nitrogênio pela cultura. No caso do solo franco-argiloarenoso, a absorção foi de 134 $kg.ha^{-1}$; do franco-arenoso, de 102 $kg.ha^{-1}$; e do arenoso, de 77 $kg.ha^{-1}$, todos em condições de irrigação. Isso levou a maior interceptação da radiação fotossinteticamente ativa e a maior produtividade da semente nos solos franco-argiloarenosos (3,3 $Mg.ha^{-1}$) e arenoso (3,0 $Mg.ha^{-1}$) do que no solo arenoso (2,3 $Mg.ha^{-1}$). O solo com maior conteúdo de argila também apresentou a maior evapotranspiração da cultura e o maior rendimento, graças à maior absorção de nitrogênio. A quinoa é tolarente a solos secos na fase de recheio das sementes e uma irrigação reduzida, além da economia de água, pode melhorar a produtividade. O coeficiente basal do cultivo (Kbc) e o coeficiente de evaporação (Ke) resultaram em valores de 0,20 e 0,85 por 1,20 para a etapa inicial, de 0,02 para a etapa média e de 0,04 e 0,06 para a etapa tardia do desenvolvimento da quinoa, com base nas medições do fluxo de seiva.

Gomez-Caravaca et al. (2012) relataram que diferentes variáveis agronômicas, tais como a irrigação e a salinidade, podem afetar o perfil fenólico e de saponina da quinoa. A irrigação com 25% de restituição completa da água, com e sem adição de sal, foi associada ao incremento de compostos fenólicos livres, respectivamente, de 23,16 e 26,27%. Já os compostos fenólicos ligados não foram afetados pelo estresse ambiental. As saponinas diminuem se as amostras não são submetidas a seca e a regimes de solução salina. Em situações de déficit hídrico, quando um estresse salino foi agregado, o conteúdo de saponinas diminuiu 45 e 50%. Os resultados sugerem que a irrigação e a salinidade podem regular a produção de compostos bioativos na quinoa, que influem nos seus valores nutricionais e industriais.

Burrieza et al. (2012) analisaram o conteúdo de deidrinas em embriões por meio de duas técnicas: *western blot* e imunolocalização *in situ*. Com a primeira técnica foram detectadas pelo menos quatro deidrinas (55, 50, 34 e 30 kDa) em sementes colhidas de plantas submetidas a amplo estresse salino. A deidrina 30 kDa teve a sua acumulação incrementada nas concentrações de 300 e 500 mm de NaCl, em condições de crescimento, conforme revelado por análise densiométrica. A acumulação da deidrina submolecular foi maior com 500 mm de NaCl. Um tratamento de fosfatase dos extratos de proteína causou o deslocamento de bandas de deidrina para 34 e 30 kDa, sugerindo um mecanismo de modulação baseado na fosforilação de proteínas. Esses resultados relativos à acumulução de deidrinas, localização submolecular e estado de fosforilação, segundo os autores, estão relacionados com o fenótipo tolerante a alto estresse salino desse cultivar.

Carlson et al. (2012) relataram que a casca da quinoa possui alto teor de saponina e pode ser utilizada como aditivo alimentar. Nesse trabalho foi avaliada a influência da saponina obtida da quinoa no ganho de peso de suínos. Usou-se farinha de casca de quinoa (FCQ) como aditivo para alimentação de leitões. Os seus efeitos foram avaliados para três doses originadas da América do Sul (100, 300 e 500 $mg.kg^{-1}$) e uma da Dinamarca (300 mg/kg). O efeito da dieta com farinha de casca de quinoa originada da América do Sul e do seu extrato na fisiologia do epitélio jejunal foi estudado *ex vivo* com o uso do equipamento câmara de Ussing. O experimento incluiu 400 leitões desmamados 28 +/– 2 dias de idade e o período experimental foi de quatro semanas. Os leitões foram pesados no início e no final do experimento e foi registrado o consumo de alimento. Os estudos *ex vivo* foram realizados com epitélio de 40 porcos que receberam o controle ou a FCQ da América do Sul. O epitélio de cada porco foi colocado em oito câmaras de Ussing, nas quais foram postos os extratos das quatro concentrações de FCQ. A permeabilidade epitelial, Na±, a dependência do transporte de glicose serotonina (5-HT) e a indução à secreção de teofilina foram medidas. Os resultados mostraram que a FCQ não tem nenhuma influência sobre o desenvolvimento dos leitões ($p = 0,41$) e o consumo de alimento ($p = 0,17$). Apesar da grande diferença do conteúdo de saponina entre as FCQs de origem sul-americana e dinamarquesa (28,7 e 2,7% w/w, respectivamente), isso não afetou o desempenho dos suínos. Esses estudos *ex vivo* não mostraram efeitos ($p > 0,05$) de adição de extrato de FCQ. A permeabilidade e a absorção da glicose induzida foram mais altas ($p = 0,003$ e $p = 0,040$, respectivamente) no epitélio dos porcos que consumiram 100 mg ou 300 $mg.kg^{-1}$ de FCQ sul-americana. A resposta secretora de 5-HT não foi afetada ($p = 0,59$) pelos tratamentos dietéticos, mas a secreção de teofilina induzida diminuiu ($p = 0,02$) com o incremento da dieta FCQ sul-americana. As mudanças na fisiologia do epitélio, medido *ex vivo*, não afetaram o rendimento dos animais *in vivo* nesse estudo.

Verza et al. (2012) avaliaram a atividade adjuvante das saponinas de *Chenopodium quinoa* (quinoa) na resposta comportamental e imunidade celular de ratos imunizados subcutaneamente com ovoalbumina. Duas frações de saponina de quinoa foram obtidas (FQ70 e FQ90) e dez saponinas foram determinadas por UPLC/Q-TOF-MS. A imunização via subcutânea foi realizada com ovoalbumina, somente, e com adjuvante; o adjuvante de controle utilizado foi o de FQ70 e de FQ90. Tanto FQ70 como FQ90 melhoraram de modo significativo a quantidade de antiovoalbumina em anticorpos específicos em soro (IgG, IgG1 e IgG2b), em ratos imunizados. O efeito do adjuvante de FQ70 foi significativamente maior do que o de FQ90. Contudo, o tipo de atraso de hipersensibilidade retardada foi maior em ratos imunizados com ovoalbumina com adjuvante FQ90 do que nos ratos tratados com FQ70. A concanavalina A (con A), o lipopolissacarídeo e a ovoalbumina estimulada pela proliferação de esplenócitos foram medidos, e verificou-se que FQ90 melhorou significativamente a con A induzida com a proliferação de esplenócitos. Os resultados sugerem que as duas frações de saponinas de quinoa incrementaram de maneira significativa a produção humoral e a resposta das células imunes a ovoalbumina em ratos.

Stikic et al. (2012) relataram que, no ano de 2009, foi realizado um ensaio para avaliar o potencial da cultura da quinoa nas condições climáticas do Sudeste da Europa. Mesmo em condições de seca e sem adubação, foi obtido um rendimento de 1,721 $t.ha^{-1}$. A qualidade das sementes obtida foi muito boa, com conteúdos de proteínas que variaram entre 15,16 e 17,41%, em uma base de peso seco, dependendo se as sementes foram ou não processadas. Os aminoácidos e a composição de minerais revelaram o potencial das sementes de quinoa como um ingrediente valioso na preparação de alimentos nutritivos. Essas sementes possuem maior conteúdo de aminoácidos essenciais, especialmente lisina, em relação à farinha de trigo. Sementes descascadas de quinoa desprovidas de saponinas foram incluídas nas formulações de pão de trigo, em até 20%, o que resultou em um efeito positivo sobre as caraterísticas reológicas da massa. Também o conteúdo de proteína no pão teve incremento em torno de 2%. As características sensoriais foram excelentes também no nível de suplementação de 20%. O estudo de pães suplementados com quinoa poderia permitir o desenvolvimento de uma gama de novos produtos de padaria com maior valor nutritivo.

Kolano et al. (2012) avaliaram a abrangência e a importância da variação intraespecífica do tamanho do genoma da quinoa, utilizando a técnica de citometria de fluxo, com iodeto de propídio como marcador de DNA. O estudo foi realizado em vinte acessos de quinoa provenientes de Equador, Peru, Bolívia, Argentina, Chile e Estados Unidos. Foi detectada uma variação no tamanho do genoma limitado entre os acessos analisados. Essas diferenças foram estatisticamente significativas, mas a máxima diferença interacessão entre as populações com maior e menor genoma alcançou somente 5,9%. O maior genoma foi encontrado na população C4 do Chile (média de 3,077 pg/2C) e o menor, na população peruana P2 (média de 2,905 pg/2C). A variação não foi correlacionada com o local de coleta, no entanto, os acessos de quinoa analisados nesse estudo pertenciam a três grupos geográficos diferentes: as terras altas do Norte, as terras altas e baixas do Sul.

Avaliação de resíduos de pesticidas em quinoa

A importância dos pesticidas nos sistemas de produção agrícola convencionais é indiscutível, uma vez que fazem parte dos insumos básicos. Entretanto, é fundamental que esses produtos sejam adequadamente utilizados, para que seja preservada a qualidade dos produtos colhidos (Aysal et al., 2007; Lesueur et al., 2008; Nguyen et al., 2008). Os órgãos governamentais estabelecem limites máximos residuais (LMRs) para proteger o ambiente e principalmente a saúde dos consumidores (Regulation (EC) n° 396/2005). Essas determinações são realizadas em laboratórios especializados para esse fim, com o emprego de métodos de análise validados (European Commission, 2012; Instituto Nacional de Metrologia – Inmetro, 2012).

Os contaminantes orgânicos persistentes (POPs), os pesticidas (DDT, aldrin, dieldrin, heptacloro, hexaclorobenzeno e toxafeno) são substâncias que persistem no ambiente, acumulando-se em altas concentrações no tecido adiposo, e são biomagnificadas na cadeia alimentar. Em consequência, constituem sério risco para os ecossistemas, os vertebrados e a saúde humana (Programa de las Naciones Unidas para el Medio Ambiente, 2002). Segundo Arica et al. (2006), os compostos organoclorados podem permanecer presentes no solo onde foram aplicados por muitos anos, devido à sua estabilidade, que limita a sua degradação (Programa de las Naciones Unidas para el Medio Ambiente, 2002).

Nas últimas décadas, foram realizados estudos no Peru, relacionados ao uso e ao impacto dos pesticidas no ambiente e na saúde humana. Em um desses estudos, a Rede de Ação sobre Alternativas ao Uso de Agrotóxicos (RAAA) concluiu que, nos estados de Huancayo e San Martín, inseticidas e fungicidas são aplicados de maneira indiscriminada, o que levou ao aparecimento de novas pragas (Gomero, 2003). Além disso, esse estudo concluiu que agrotóxicos de extrema toxicidade, baseados em compostos organofosforados e carbamatos, são utilizados com frequência, causando riscos para a saúde humana e o ambiente. O estudo também demonstrou que a maioria dos agricultores não toma medidas de proteção individual, por falta de informação.

Na literatura científica, não existem trabalhos relacionados à avaliação de resíduos de agrotóxicos em quinoa. Sob a coordenação do Centro de Energia Nuclear na Agricultura da Universidade de São Paulo (Cena/USP), com o suporte financeiro da Fundação de Amparo à Pesquisa do Estado de São Paulo (Fapesp), da Coordenação de Aperfeiçoamento de Pessoal de Nível Superior (Capes) e do Conselho Nacional de Desenvolvimento Científico e Tecnológico (CNPq), todos do Brasil, e com a colaboração do Centro de Investigación de Recursos Naturales y Medio Ambiente (Cirnma), foram desenvolvidos trabalhos com vistas a adaptar e validar um método de análise de resíduos de agrotóxicos em quinoa. Parte desses trabalhos é apresentada a seguir.

Vilca et al. (2012) avaliaram o efeito do tamanho das partículas dos grãos de quinoa no processo de validação do método QuEChERS, proposto por Anastassiades et al. (2003) para análise de resíduos de sete pesticidas (clorotalonil, heptacloro, captan, alfaendosulfan, dieldrin, betaendosulfan e sulfato de endosulfan). Foram testados três tipos de moagem de grãos (M1, M2 e M3). Para M1 foi usado um sistema de moinho com processador de alimentos, e para M2 e M3, duas séries de moagem criogênica. As análises foram realizadas em um sistema cromatográfico gasoso acoplado a um detector de caputura de elétrons. Os autores resportaram uma boa separação cromatográfica, com um tempo total de análise de doze minutos. O método QuEChERS foi ajustado, mudando-se o tipo de solvente para acetato de etila e 1% de ácido acético glacial, utilizado para o processo de extração dos analitos. De acordo com os resultados, a sensibilidade do método QuEChERS foi influenciada pelo tamanho da partícula. Um incremento do efeito matriz para quatro dos sete compostos estudados e o tamanho de partícula de 10 μm, nos dois tipos de moagem criogênica, melhorou a porcentagem de recuperação do método.

Vilca e Tornisielo (2012) realizaram uma avaliação de resíduos de pesticidas organoclorados (α-BHC, β-BHC, heptacloro, dicofol, endosulfan lacton, o,p'-DDD, α-endosulfan, o,p'-DDE, p,p'-DDE, β-endosulfan, p,p'-DDD, endosulfan sulfato) em 37 amostras da colheita de 2010-2011 de Puno, Peru, pertencentes aos sistemas de produção orgânica, transitória e convencional. O método de extração QuEChERS foi ajustado e validado para ser utilizado com um sistema cromatográfico a gás acoplado a um detector de captura de elétrons (CG-ECD). Na validação do método foi utilizada uma amostra de quinoa sem resíduos de pesticidas. Ele foi fortificado a 0,01 e 0,10 $mg.kg^{-1}$. As recuperações médias foram de 55,5 e 121,3%, respectivamente, com DPR < 19%. O método foi linear $r^2 \geq 0,99$. Os resultados obtidos indicam que o método é sensível a limites de quantificação (LQs de 0,001 a 0,01 $mg.kg^{-1}$).

Os autores concluíram que o método QuEChERS, utilizando um sistema CG-ECD, é uma alternativa para a determinação de resíduos organoclorados em quinoa. Por outro lado, uma amostra de um sistema de produção orgânica originária de Cabanillas, da variedade Salcedo Inia, apresentou contaminação por quatro pesticidas (o,p'-DDE com 0,015 $mg.kg^{-1}$, p,p'-DDE com 0,032 $mg.kg^{-1}$, p,p'-DDD com 0,089 $mg.kg^{-1}$ e endosulfan sulfato com 0,034 $mg.kg^{-1}$). Esses resultados mostram a necessidade de estabelecer novos critérios para a certificação orgânica.

Vilca (2012) relatou que o método de análises multirresíduo QuEChERS foi ajustado e validado para a determinação de 46 agrotóxicos em 37 amostras de quinoa da colheita de 2010-2011 de Puno, Peru. O método foi baseado na extração, utilizando-se acetonitrila 1% ácido acético com $MgSO_4$ e CH_3COONa anidro, seguido de um *clean up* por dispersão da fase sólida (dSPE) com solvente PSA. As análises foram realizadas em um sistema cromatográfico de fase líquida acoplado a um espectrômetro de massas LC-MS/MS, utilizando uma coluna C-18 de 150 mm × 2,1 × 3,5 µm. Foram empregadas água (A) e acetonitrila (B) 0,1% ácido fórmico, respectivamente, como fases móveis. O método foi validado usando-se uma amostra de quinoa sem resíduos de agrotóxicos, utilizados como branco. Foi fortificado a 0,01 e 0,10 $mg.kg^{-1}$. As recuperações médias variaram entre 31,6 e 125,1%, com RSD% ≤ 23. O método apresentou linearidade $r^2 \geq 0,99$ e os limites de quantificação (LQs) variaram entre 0,001 e 0,010 $mg.kg^{-1}$. Os resultados indicaram que o método QuEChERS utilizando LC-MS/MS é uma alternativa para determinar resíduos de agrotóxicos em quinoa. Nenhuma das 37 amostras analisadas apresentou resíduos de agrotóxicos. Na prática, esse método pode valorizar a produção orgânica, com análises mais confiáveis para a determinação de resíduos.

Considerações com relação aos resíduos de agrotóxicos em quinoa

Em trabalhos recentes realizados no Brasil para a determinação de resíduos de agrotóxicos em quinoa, concluiu-se que atualmente há um método validado e adaptado para a determinação dos seguintes tipos de agrotóxicos: acetamiprido, aldicarb, atrazina, azoxistrobina, benalaxil, bromacila, bromuconazol, buprofezina, carbaril, carbofurano, cimoxanil, ciproconazol, diclorvos, diflubenzuron, dimetoato, diuron, fenamifós, fenarimol, fenoxycarb, fipronil, flazassulfurom, imidacloprido, iprodiona, linurom, malation, metamidofós, metiocarb, metribuzin, monocrotofós, monurom, oxamil, pirimetanil, pirimicarb, pirimifós-metílico, procloraz, prometrina, tebuconazol, tiabendazol, tiacloprido, tiametoxam, triadimenol, triazofós, α-BHC, β-BHC, heptacloro, dicofol, endosulfan lacton, o,p'-DDD, α-endosulfan, o,p'-DDE, p,p'-DDE, β-endosulfan, p,p'-DDD, endosulfan sulfato. Os resultados finais, com todos os dados de validação, encontram-se em processo de preparação para publicação em revistas científicas.

Tendo em vista os resultados obtidos a partir de resíduos de organoclorados em algumas amostras de quinoa, sugere-se realizar estudos desses compostos em amostras de solo, já que existe a evidência de que esses compostos poderiam estar sendo absorvidos pelas plantas de quinoa. É importante realizar esses tipos de análises em áreas nas quais se pretende dar início a sistemas de produção orgânica, para evitar possíveis contaminações indesejadas, que podem afetar o mercado em crescente expansão desse produto.

Artigos mais citados na maior base científica, a Web of Knowledge (2000-2012)

Na Tabela 3 aparecem listados os trabalhos mais citados relacionados ao cultivo de quinoa durante o período de 2000 a 2012. As informações foram geradas levando em consideração o relatório originado por essa base científica. Alguns trabalhos considerados importantes pela comunidade científica foram citados repetidamente em outros trabalhos, havendo desde 22 até 217 citações em um só trabalho.

Considerações finais

Os avanços científicos no cultivo de quinoa são variados e espera-se que se multipliquem, devido à sua importância cada vez maior na dieta de muitas populações do mundo. Esses avanços se restringem ao que comumente os livros que tratam de quinoa apresentam. É evidente o interesse da comunidade científica no aproveitamento cada vez maior das propriedades desse grão e dos seus subprodutos, como as saponinas contidas nas cascas do perisperma dos grãos. Com o desenvolvimento e a validação de métodos de análise de resíduos de agrotóxicos, pode-se garantir um material saudável e de fácil comercialização.

Tabela 3. Artigos mais citados na Web of Knowledge no período de 2000 até 28 de junho de 2012.

Autores	Título do artigo	Nome da revista e identicação do artigo	Número de citações Web of Knowledge até 28/06/2012
Sparg, S. G.; Light, M. E.; Staden, J. V.	Biological activities and distribution of plant saponins	*Journal of Ethnopharmacology* 94, 2004, p. 219-43	217
Vilche, C.; Gely, M.; Santalla, E.	Physical properties of quinoa seeds	*Biosystems Engineering* 86, 2003 (1): 59-65	53
Repo-Carrasco, R.; Espinoza, C.; Jacobsen, S. E.	Nutritional value and use of the Andean crops quinoa (*Chenopodium quinoa*) and kañiwa (*Chenopodium pallidicaule*)	*Food Reviews International* 19, 2003, n. 1-2, p. 99-109	41
Jensen, C. R.; Jacobsen, S. E.; Andersen, M. N.; Núñez, N.; Andersen S. D.; Rasmussen, L.; Mogensen, V. O.	Leaf gas exchange and water relation characteristics of field quinoa (*Chenopodium quinoa* Willd.) during soil drying	*European Journal of Agronomy* 13, 2000, p. 11-25	40
Bhargava, A.; Shukla, S.; Ohri, D.	*Chenopodium quinoa* – An Indian perspective	*Industrial Crops and Produsts* 23, 2006, p. 73-87	39
Woldemichael, G. M.; Wink, M.	Identification and biological activities of triterpenoid saponins from *Chenopodium quinoa*	*J. Agric. Food Chem.* 49, 2001, p. 2.327-32	38
Jacobsen, S. E.; Mujica, A.; Jensen, C. R.	The resistance of quinoa (*Chenopodium quinoa* Willd.) to adverse abiotic factors	*Food Reviews International* 19, 2003, p. 99-109	36
Madl, T.; Sterk, H.; Mittelbach, M.	Tandem mass spectrometric analysis of a complex triterpene saponin mixture of *Chenopodium quinoa*	*J. Am. Soc. Mass. Spectrom* 17, 2006, p. 795-806	29

Continua

Autores	Título do artigo	Nome da revista e identicação do artigo	Número de citações Web of Knowledge até 28/06/2012
Jubete, L. H.; Wijngaarda, H.; Arendt, E. K.; Gallaghera, E.	Polyphenol composition and *in vitro* antioxidant activity of amaranth, quinoa buckwheat and wheat as affected by sprouting and baking	*Food Chemistry* 119, 2010, p. 770-8	27
Bertero, H. D.; Dela Veja, A. J.; Correa, G.; Jacobsen, E. S.; Mujica, A.	Genotype and genotype-by-environment interaction effects for grain yield and grain size of quinoa (*Chenopodium quinoa* Willd.) as revealed by pattem analysis of international multi-environment trials	*Field Crops Research* 89, 2004, p. 299-318	26
Winkel, T.; Methy, M.; Thenot, F.	Radiation use efficiency, chlorophyll fluorescense, and reflectance indices associated with ontogenic changes in water-limited *Chenopodium quinoa* leaves	*Photosynthetica* 40, 2002 (2): 227-32	24
Garcia, M.; Dirk Raesb, D.; Jacobsenc, S. E.	Evapotranspiration analysis and irrigation requirements of quinoa (*Chenopodium quinoa*) in the Bolivian highlands	*Agricultural Water Management* 60, 2003, p. 119-34	23
Dini, I.; Schettino, O.; Simioli, T.; Dini, A.	Studies on the constituents of *Chenopodium quinoa* seeds: isolation and characterization of new triterpene saponins	*J. Agric. Food Chem.* 49, 2001, p. 741-6	22

Referências bibliográficas

AGRONOTICIAS, 2012. Disponível em: <http://www.fao.org/agronoticias/agro-noticias/detalle/es/?dyna_fef%5Buid%5D=119288>. Acesso em: 11 abr. 2012

ANASTASSIADES, M. et al. Fast and easy multiresidue method employing acetonitrile extraction/partitioning and "dispersive solid-phase extraction" for the determination of pesticide residues in produce. **Journal of AOAC International**, v. 86, n. 2, p. 412-31, 2003.

ARICA, D. et al. **Persistent organic pollutants and hazardous pesticides in Andean farming communities in Peru:** project implemented by The Internacional Potato Center (CIP) funded by the Canada POPs Fund World Bank, Lima, 2006. Disponível em: <http://www.spipm.cgiar.org/c/document_library/get_file?p_l_id=17828&folderId=18430&name=DLFE-78.pdf>. Acesso em: 20 dez. 2011.

AYSAL, P. et al. Validation of an efficient method for the determination of pesticides residues in fruits and vegetables using ethyl acetate for extraction. **Journal of Environmental Science and Health, Part B**, New York, v. 42, n. 5, p. 481-90, 2007.

BURRIEZA, H. P. et al. High salinity induces dehydrin accumulation in *Chenopodium quinoa* Willd. cv. Hualhuas embryos. **Plant Soil**, v. 354, p. 69-79, 2012.

CARLSON, D. et al. Effects of quinoa hull meal on piglet performance and intestinal epithelial physiology. **Journal of Animal Physiology and Animal Nutrition**, v. 96, n. 198, p. 205, 2012.

DINI, I.; TENORE, G. C.; DINI, A. Oleanane saponins in "kancolla", a sweet variety of *Chenopodium quinoa*. **Journal of Natural Products**, Ohio, v. 65, n. 7, p. 1.023-6, 2002.

______. Nutritional and antinutritional composition of Kancolla seeds: an interesting and underexploited andine food plant. **Food Chemistry**, Barking, v. 92, n. 1, p. 125-32, 2005.

EUROPEAN COMMISSION. Guidance document on pesticide residue analytical methods, 2012. Sanco/12.495/2011, p. 1-40.

FAOSTAT – Food and Agriculture Organization of the United Nations, 2012. Disponível em: <http://faostat.fao.org/site/567/default.aspx#ancor>. Acesso em: 11 abr. 2012.

GALWEY, N. W. et al. Chemical composition and nutritional characteristics of quinoa (*Chenopodium quinoa* Willd.). **Food Sciences and Nutrition**, Basingstoke, v. 42F, n. 4, p. 245-61, 1990.

GOMERO, L. **Diagnóstico de plaguicidas y salud en los corredores económicos de Jaen, Tarapoto y Huancayo:** estudio solicitado por CRS/Caritas, Peru, Lima, 2003. 100p.

GOMEZ-CARAVACA, A. M. et al. Phenolic compounds and saponins in quinoa samples (*Chenopodium quinoa* Willd.) grown under different saline and nonsaline irrigation regimens. **J. Agric. Food Chem.**, v. 60, p. 4.620-7, 2012.

INSTITUTO NACIONAL DE METROLOGIA. Orientação sobre validação de métodos de ensaios químicos: DOQ-CGCRE-008 – Revisão 03, 2010. 20p. Disponível em: <http://www.inmetro.gov.br/Sidoq/Arquivos/CGCRE/DOQ/DOQ-CGCRE-8_03.pdf>. Acesso em: 25 jan. 2012.

JACOBSEN, S. E. et al. The worldwide potential of quinoa (*Chenopodium quinoa* Willd.). **Food Reviews International**, v. 19, p. 167 e 177, 2003.

JUBETE, A. L.; ARENDT, E. K.; GALLAGHER, E. Nutritive value and chemical composition of pseudocereals as gluten-free ingredients. **International Journal of Food Sciences and Nutrition**, v. 60 (S4): p. 240-57, 2009.

KOLANO, B. et al. Genome size variation in *Chenopodium quinoa* (Chenopodiaceae). **Plant Syst. Evol.**, v. 298, p. 251-5.

KUMPUN, S. et al. Ecdysteroids from *Chenopodium quinoa* Willd., an ancient Andean crop of high nutritional value. **Food Chemistry**, Barking, v. 125, n. 4, p. 1.226-34, 2011.

LESUEUR, C. et al. Analysis of 140 pesticides from conventional farming foodstuff samples after extraction with the modified QuEChERS method. **Food Control**, Vurrey, v. 19, n. 9, p. 906-14, 2008.

NGUYEN, T. D. et al. A multiresidue method for the determination of 109 pesticides in rice using the Quick Easy Cheap Effective Rugged and Safe (QuEChERS) sample preparation method and gas chromatography/mass spectrometry with temperature control and vacuum concentration. **Rapid Communications in Mass Spectrometry**, Chichester, v. 21, n. 18, p. 3.115-22, 2007.

PROGRAMA DE LAS NACIONES UNIDAS PARA EL MEDIO AMBIENTE. **Evaluación regional sobre sustancias tóxicas persistentes:** informe regional de Sudamérica oriental y occidental. Genebra, Suíça, 2002. 79p.

RAYNER, M. et al. Quinoa starch granules: a candidate for stabilizing food-grade pickering emulsions. **J. Sci. Food Agric.**, v. 92, p. 1.841-7, 2012.

RAZZAGHI, F. et al. Effect of nitrogen and water availability of three soil types on yield, radiation use efficiency and evapotranspiration in field-grown quinoa. **Agricultural Water Management**, v. 109, p. 20-9, 2012.

REGULATION (EC) n. 396/2005 of The European Parliament and of The Council of 23 February 2005 on Maximum Residue Levels of Pesticides in or on Food and Feed of Plant and Animal Origin and Amending Council Directive 91/414/EEC, Off. J. Eur. Communities L70/1, 16.3.2005. Disponível em: <http://ec.europa.eu/sanco_pesticides/public/index.cfm>. Acesso em: 29 out. 2011.

REPO-CARRASCO, R.; ESPINOZA, C.; JACOBSEN, S. E. Nutritional value and use of the Andean crops quinoa (*Chenopodium quinoa*) and Kañiiwa (*Chenopodium pallidicaule*). **Food Reviews International**, Filadélfia, v. 19, n. 1-2, p. 179-89, 2003.

STIKIC, R. et al. Agronomical and nutritional evaluation of quinoa seeds *(Chenopodium quinoa* Willd.) as an ingredient in bread formulations. **Journal of Cereal Science**, v. 55, p. 132-8, 2012.

VERZA, S. G. et al. Immunoadjuvant activity, toxicity assays, and determination by UPLC/Q-TOF-MS of triterpenic saponins from *Chenopodium quinoa* Seeds. **J. Agric. Food Chem.**, v. 60, p. 3.113-8, 2012.

VILCA, F. Z. **Validação de método de análises multirresíduo para determinação de pesticidas em morango (*Fragaria ananassa* Duch) e quinoa (*Chenopodium quinoa* Willd.) por técnicas cromatográficas CG-ECD e LC-MS/MS/Franz Zirena Vilca.** Piracicaba, 2012. 104p. Tese (doutorado em Ciências).

VILCA, F. Z.; TORNISIELO, V. L. QuEChERS for analysis of organochlorine pesticides residues in quinoa (*Chenopodium quinoa* Willd.) with GC-µECD. In: III CONFERÊNCIA NACIONAL SOBRE DEFESA AGROPECUÁRIA. Defesa agropecuária: responsabilidade compartilhada. **Libro de resúmenes.** Disponível em: <http://api.ning.com/files/hEH41aulWoj9DNaeFh6qv0ljeiIAtNeGATNWj44JhPvVzXqRj4X-tFYFFQSB6Thuefs5Mw43wWUMhVd8vUzBmpRqgVhUhbhpJ/ANAISIIICNDA.pdf>. Acesso em: 15 maio 2012.

VILCA, F. Z. et al. Effect of the particle size of quinoa sample (*Chenopodium quinoa* Willd.) on the QuEChERS method validation for seven pesticides using GC-ECD. **Br. J. Anal. Chem.**, v. 8, p. 352-7, 2012.

2

Fertilidade do solo e adubação de quinoa

Rafael Marques Pereira Leal[1]

Introdução

As informações apresentadas neste capítulo sobre adubação de quinoa procuraram priorizar o conhecimento construído com base em experimentação científica, obtido de forma metódica e rigorosa. Para tal, foram utilizadas majoritariamente informações retiradas de artigos científicos publicados nas principais bases de dados disponíveis (ISI, SciELO e Scopus). Entretanto, ainda existem muitas lacunas no conhecimento sobre o assunto. Em muitos casos, as práticas de adubação refletem os costumes e as experiências locais, não necessariamente embasadas em investigações científicas. Por esta razão, informações de outras

1. Instituto Federal Goiano, Campus Rio Verde. Rodovia Sul Goiana, km 01, Zona Rural, Rio Verde, GO. Caixa Postal 66, Cep 75901-970. fielpira@yahoo.com.br

fontes, como livros, teses e sites especializados, também foram incluídas neste texto, na medida em que foram consideradas corretas e úteis aos seus propósitos. Buscamos apresentar neste capítulo o que existe de mais importante sobre o assunto e discutir algumas das necessidades futuras, para que o conhecimento na área possa avançar e beneficiar os principais países produtores de quinoa.

Importância da fertilidade do solo e da adubação

Pode ser considerado fértil o solo que contém os nutrientes essenciais, em quantidades adequadas e balanceadas, para o desenvolvimento das culturas agrícolas. A presença de nutrientes é um aspecto essencial para a garantia da qualidade e da produtividade de um solo. Um dos principais fatores geralmente envolvidos na baixa fertilidade dos solos é a exaustão de nutrientes, decorrente da sua extração pelas culturas em quantidades maiores do que as adições via adubação. Esse processo pode ser revertido com facilidade através da adubação, seja orgânica ou mineral. Para tal, deve-se realizar a análise do solo e/ou da planta (Lopes & Guilherme, 2007).

Outro problema importante ligado à fertilidade do solo é que a exaustão de nutrientes também é causa comum de erosão, a qual faz reduzir a cobertura vegetal que o solo é capaz de sustentar. Esta é uma das maiores causas da degradação do solo em todo o mundo. O processo muitas vezes representa um dano de difícil recuperação, ou mesmo a perda permanente da capacidade produtiva do solo. Um importante indicador da qualidade do solo consiste na manutenção e mesmo no incremento dos seus teores de matéria orgânica, uma vez que esta influencia ampla gama de processos físicos, químicos e biológicos que desempenham, em conjunto, um papel de fundamental importância para a manutenção da fertilidade do solo e para a garantia de um agroecosssistema produtivo (Lopes & Guilherme, 2007).

No caso da quinoa, Jacobsen (2011) relata que, no Sul da Bolívia, um dos principais problemas enfrentados no cultivo da cultura diz respeito à degradação da fertilidade do solo, que vem ocorrendo em razão de práticas não sustentáveis de uso da terra, em especial a intensificação da produção e o menor uso de estercos animais. Esse exemplo ilustra com muita clareza que a utilização de corretivos e fertilizantes em quantidades adequadas é uma das práticas agronômicas mais importantes na busca por uma agricultura que permita conciliar altas produtividades nas áreas já cultivadas e diminuição da pressão pela incorporação de novas áreas de produção, ajudando na preservação dos recursos naturais e do meio ambiente. Sejam os nutrientes oriundos dos teores naturais dos solos ou fornecidos por fertilizantes minerais ou disponibilizados pela reciclagem de resíduos orgânicos, não se pode fugir à necessidade imperiosa de fornecer nutrientes para a manutenção das colheitas e a obtenção de boas produtividades (Raij, 2011).

Considerações gerais sobre adubação de quinoa

A quinoa é uma cultura que se encontra em amplo processo de expansão, tanto nas zonas tradicionais de cultivo quanto em outras regiões, devido às suas características benéficas: alto valor nutritivo de seus grãos, multiplicidade de uso e ampla adaptabilidade do cultivo a condições variadas de clima e solo (FAO, 2011).

Sabe-se que a cultura se adapta com facilidade a uma ampla variedade de solos e condições ambientais, tolerando bem variações de pH, solos salinos e climas frios e secos (Hancco, 2003; Vega-Gálvez et al., 2010). Com relação às exigências de pH, boas produtividades têm sido obtidas tanto em condições alcalinas (pH = 9, nos salares bolivianos e peruanos) quanto em condições de elevada acidez (pH = 4,5, em Cajamarca, Peru). O ideal são valores próximos à neutralidade, ainda que se deva considerar que diferentes genótipos adaptam-se melhor a diferentes condições de pH (Mujica et al., 2001).

Em muitas áreas de cultivo tradicionais, a produtividade obtida costuma ser baixa em relação ao potencial produtivo da cultura (Mujica et al., 2003). Nessas áreas, a adubação é uma das práticas que mais pode contribuir para o aumento sustentável na produção da cultura, diminuindo a necessidade de expandir o cultivo para novas áreas. Por exemplo, no Peru, a produtividade média anual da cultura foi de 678 $kg.ha^{-1}$ entre os anos de 1980 e 1998, enquanto ensaios experimentais conduzidos pelo Instituto Nacional de Pesquisas Agrícolas (Inia-Peru) obtiveram uma produtividade potencial de até 6 $t.ha^{-1}$ (Mujica et al., 2003). De maneira semelhante, na Bolívia, outro importante produtor mundial de quinoa, enquanto as áreas de produção têm continuamente se expandido em anos recentes, as produtividades médias obtidas ainda são baixas, variando entre 570 e 700 $kg.ha^{-1}$ (Jacobsen, 2011). A enorme diferença entre a produtividade atual e a potencial na região andina ilustra as amplas possibilidades de aumento na produção da cultura através de ganhos de produtividade, sem a necessidade de incorporação de novas áreas. Esses aumentos estão associados ao uso de práticas adequadas, em especial de variedades melhoradas, sementes de alta qualidade e práticas agronômicas otimizadas, como a adubação (Mujica et al., 2003).

É de suma importância que as quantidades de nutrientes a serem aplicados sejam definidas com base nos seguintes fatores: conteúdo nativo de nutrientes no solo a ser cultivado, o que deve ser feito através da análise de solo; rotação empregada, de modo que se conheçam as entradas e saídas de nutrientes específicas do sistema de cultivo adotado; o nível de produção que se espera obter, o que determinará, em última análise, os níveis de nutrientes a serem extraídos e exportados com a colheita.

Adubação nos países da América do Sul

Na região andina, em geral cultiva-se a quinoa em seguida à batata, o que costuma favorecer a quinoa no que diz respeito ao aporte de nutrientes e matéria orgânica residual do cultivo da batata, diminuindo as necessidades de adubação (Vega-Gálvez et al., 2010). Entretanto, quando se semeia a quinoa em seguida a uma gramínea, em geral aplica-se uma fonte de matéria orgânica (~ 3 $t.ha^{-1}$) e adubação mineral com a fórmula 80-40-00, correspondendo a 174 $kg.ha^{-1}$ de ureia (46%) e 88 $kg.ha^{-1}$ de superfosfato triplo (46%). No geral, há grande disponibilidade de potássio nos solos da região andina, de modo que não se costuma aplicá-lo no plantio (Mujica et al., 2001).

Nos solos mais pobres, com reduzidos teores de matéria orgânica e de argila (por exemplo, na região costeira dos Andes), a disponibilidade de nutrientes é limitada, recomendando-se a fórmula 240-200-80, que corresponde a 523 $kg.ha^{-1}$ de ureia, 435 $kg.ha^{-1}$ de superfosfato triplo e 134 $kg.ha^{-1}$ de cloreto de potássio. Além disso, deve-se também aplicar esterco animal, composto ou húmus, conforme a disponibilidade local. Tanto o conteúdo quanto a taxa de liberação dos nutrientes contidos nessas fontes são variáveis, dependendo diretamente do tipo de material e das condições ambientais prevalecentes. No caso dos estercos de animais, de acordo com a fonte, perto de 20 a 30% de N orgânico será mineralizado no primeiro ano de aplicação, esperando-se efeitos residuais no longo prazo quando são feitas aplicações constantes (Havlin et al., 2004).

Nesse caso (solos mais pobres), especial atenção deve ser dada ao fracionamento da adubação nitrogenada. Pode-se dividir a aplicação em três partes iguais, uma na semeadura, outra na capina e a última na floração, prevenindo-se possíveis perdas de N via volatilização e/ou lixiviação de nitrato (Mujica et al., 2001).

Discorrendo sobre o cultivo de quinoa no altiplano peruano, Aguilar e Jacobsen (2003) afirmam que os produtores em geral não aplicam qualquer fonte de fertilizante, dependendo tão somente dos nutrientes residuais do cultivo anterior, que em geral é a batata. Entretanto, segundo os mesmos autores, a cultura responde positivamente à adição de N e P, nas quantidades médias de 80 kg.ha^{-1}, devendo-se dividir a aplicação do fertilizante nitrogenado: uma parte na semeadura e outra parte igual no início do florescimento. Segundo Hancco et al. (2003), na importante região produtora de Puno, Peru, uma fórmula muito utilizada na adubação da cultura é 80-40-00 de N, P_2O_5 e K_2O, empregando-se o nitrato de amônio e o superfosfato triplo de cálcio como fontes de N e P, respectivamente. Além disso, os autores também sugerem a aplicação de 3-5 t.ha^{-1} de esterco animal já curtido (ovino).

No Chile, a quinoa é uma cultura ainda pouco difundida, e são poucas as informações disponíveis sobre a produção da planta ou variedades melhoradas. Entretanto, vem ganhando importância em anos recentes. Ensaios experimentais demonstraram um potencial de produção da ordem de 6.500 kg.ha^{-1}, com produtividades em áreas comerciais em torno de 3.000 kg.ha^{-1} (Delatorre-Herrera, 2003). No que se refere à fertilização, um ensaio realizado com o cultivar Yellow Tamarugal avaliou o efeito de dois níveis de adição de N (30 e 60 mg.L$^{-1)}$, aplicados via irrigação por gotejamento, e de três de P (0, 100 e 200 kg.ha^{-1}) na produção desse cultivar. Ambos os elementos foram aplicados por ocasião da semeadura. As maiores produções de grãos foram obtidas nos tratamentos com aplicação de N (30 ou 60 mg.L^{-1}) e com a maior dose de P (200 kg.ha^{-1}).

No Brasil, a introdução da quinoa é recente, tendo ocorrido a partir de 1990 como parte de esforços de institutos de pesquisa e desenvolvimento para diversificação da produção no Cerrado brasileiro. Esses esforços resultaram na liberação do cultivar BRS Piabiru, o primeiro recomendado para plantio nessas condições, com produtividade média de 2,8 t.ha^{-1} e 145 dias entre a emergência e a maturação, indicado no cultivo de entressafra com irrigação. Com relação à adubação, recomenda-se que a cultura seja semeada após a soja ou o milho, aproveitando-se os nutrientes residuais dessas culturas, ou então deve-se seguir uma adubação de manutenção baseada na composição da planta: 60 kg.ha^{-1} de P_2O_5, 80 kg.ha^{-1} de K_2O e 60 kg.ha^{-1} de N; 20 kg deste último devem ser aplicados na semeadura, juntamente com todo o fósforo e o potássio, e o restante, após 30-50 dias de emergência das plantas (Spehar & Santos, 2002). Em outra região brasileira (Paraná), a produtividade da mesma variedade de quinoa semeada em diferentes datas variou de 493 a 1.884 kg.ha^{-1}. Em todos os casos, foi empregada uma mesma adubação de base no momento da semeadura: 250 kg.ha^{-1} da fórmula 08-20-20 (Vasconcelos et al., 2012).

No Equador, experiências conduzidas pela empresa Latinreco demonstraram que uma adubação de plantio de 45 kg de N, 50 kg de P_2O_5 e 30 kg de K_2O foi satisfatória. No caso do N, recomenda-se uma segunda aplicação na mesma dose (45 kg) 40 a 50 dias após a emergência das plantas. Os resultados dos ensaios conduzidos no Equador não forneceram conclusões definitivas sobre as doses ótimas de adubação NPK (Alvarez & Rütte, 1990), o que certamente tem a ver com a influência de outros fatores no rendimento dos grãos, além das diferenças na fertilidade dos solos empregados nesses ensaios.

Também há grande carência de informações a respeito da eficiência e economia do manejo da adubação no que diz respeito aos modos de aplicação de fertilizantes (a lanço ou em linha de semadura), localização (em superfície ou profundidade), épocas de aplicação e seu parcelamento, além de possíveis estratégias alternativas, como tratamento de sementes ou aplicação foliar.

Resultados de ensaios experimentais em outras regiões

Na Dinamarca, o cultivar Titicaca foi semeado em lisímetros de campo em solos de diferentes classes texturais (franco-argiloarenoso, franco--arenoso e arenoso), com o objetivo de avaliar a influência da textura do solo na resposta da cultura (produtividade, eficiência de uso da radiação e evapotranspiração) (Razzagui et al., 2012). Apesar de ter sido aplicada a mesma quantidade de N em todas as parcelas experimentais (120 $kg.ha^{-1}$), resultaram diferenças expressivas na extração de N, conforme a classe textural: 134 $kg.ha^{-1}$ para o franco-argiloarenoso (*sand clay loam*), 102 $kg.ha^{-1}$ para o franco-arenoso (*sand loam*) e 77 $kg.ha^{-1}$ para o arenoso, todos sob irrigação plena. Solos mais argilosos apresentam maiores taxas líquidas de mineralização de N, além de favorecerem o aprofundamento do sistema radicular (Razzagui et al., 2012). A maior absorção de N nos solos mais argilosos proporcionou maiores taxas de absorção de radiação fotossinteticamente ativa nesses tratamentos, resultando em maiores produtividades (3,3 $t.ha^{-1}$), em comparação com o solo mais arenoso (2,3 $t.ha^{-1}$).

Na Itália, Pulvento et al. (2010) avaliaram a adequação do cultivo de quinoa às condições climáticas do Sul do país, cultivando dois genótipos (KV e RB) por dois anos consecutivos (2006-2007). Com relação à adubação da cultura, em cada parcela experimental, a cada ano, foram empregados 40 kg de P_2O_5 e de N no momento do plantio e mais 40 kg de N antes do florescimento. A análise de solo antes do início do experimento mostrou que os níveis de K eram adequados, dispensando a aplicação desse elemento. As produtividades obtidas foram boas (1,90 a 3,28 $t.ha^{-1}$), maiores do que aquelas comumente encontradas nas regiões tradicionais de cultivo nos Andes (0,3 a 1,3 $t.ha^{-1}$) (Pulvento et al., 2010).

Na Alemanha, em estudo conduzido com delineamento experimental adequado e avaliação estatística dos resultados, Erley et al. (2005) avaliaram a resposta da quinoa à adubação nitrogenada (0, 80 e 120 $kg.ha^{-1}$) e a eficiência de uso de N pela planta. A cultura respondeu positivamente à aplicação de N, com um aumento de 94% de produtividade nos tratamentos com 120 $kg.ha^{-1}$ do elemento (3.495 $kg.ha^{-1}$), em comparação com o controle sem N (1.790 $kg.ha^{-1}$). Igualmente importante, a absorção de N pela cultura no tratamento com 120 $kg.ha^{-1}$ do elemento foi o dobro daquela obtida nos tratamentos sem N, o que monstra que o N do fertilizante foi utilizado de forma eficiente para a produção de grãos. Assim, na faixa de N estudada (0-120 $kg.ha^{-1}$), não houve redução na eficiência de utilização do elemento pela cultura, a qual foi de 22,2 kg de grãos por kg de N na parte área (Erley et al., 2005). Uma eficiência de utilização alta é fundamental para garantir que o N do fertilizante não seja perdido através de processos como a volatilização de amônia ou a lixiviação de nitrato, processos que podem ocasionar sérios problemas de contaminação ambiental.

Exigência nutricional e recomendações práticas

COMPOSIÇÃO MINERAL DA PLANTA

A composição mineral relatada para a cultura é bastante variável (Tabela 1), o que, por sua vez, é reflexo das diferenças nas composições minerais dos solos nas áreas de cultivo e/ou de diferenças nas práticas de adubação (Vega-Galvéz et al., 2010). Segundo Hancco (2003), a composição mineral dos grãos é muito variável e depende dos seguintes fatores: diferenças de genótipos, estágio de maturação da cultura, fertilidade do solo e fatores climáticos.

Em média, para um rendimento esperado de 2,5 $t.ha^{-1}$ de grãos, exportam-se em torno de 50 kg de N, 6 kg de P, 80 kg de K, 33 kg de Ca, 20 de Mg, 0,6 de Fe, 0,2 de Mn e 0,07 de Zn (Spehar, 2007).

Tabela 1. Composição mineral dos grãos de quinoa (em $mg.kg^{-1}$).

Referência	P	K	Ca	Mg	Fe	Zn	Cu	Mn
Vega-Galvéz et al. (2010)	1.400-5.300	75-12.000	275-1.487	260-5.020	14-168	27,5-48	2-51	-
Stikic et al. (2012)	2.400	9.052	4.500	1.500	49,63	18,70	2,89	19,43

Nitrogênio

Segundo Alvarez e Rütte (1990), a quinoa apresenta boa resposta à adubação nitrogenada, com um ganho médio de cerca de 16 kg de grãos por kg de N aplicado. Segundo os autores, a dose média de nitrogênio, na maioria das áreas de produção, é de 80 $kg.ha^{-1}$. As recomendações também coincidem na forma de aplicação do elemento: metade da dose aplicada na semeadura e o restante, antes da floração.

Considera-se que, em média, a quinoa necessita de 20 $kg.ha^{-1}$ de N por tonelada de grãos que se espera produzir. Quando não há restrição hídrica, podem-se empregar de 40 a 60 $kg.ha^{-1}$ de N por tonelada de grãos produzidos, devendo-se parcelar essa aplicação: metade da dose na semeadura e a outra metade, 45 dias após a emergência das plantas. É interessante o cultivo da quinoa em seguida a uma leguminosa, de modo que o resíduo de N deixado pela cultura anterior possa suprir ao menos parte da demanda de N da quinoa (Spehar, 2007). No geral, as leguminosas decompõem rapidamente, devido à sua baixa relação C/N, sendo que a maior parte do N contribuirá para o estoque desse elemento no solo, incorporando-se à matéria orgânica dele (Cantarella, 2007).

Fósforo

Segundo Alvarez e Rütte (1990), existem discrepâncias relativas às doses de P recomendadas para a cultura. Entretanto, em geral, recomenda-se entre 40 e 80 $kg.ha^{-1}$. A demanda de fósforo é de 30 a 60 $kg.ha^{-1}$ (Spehar, 2007). Em condições ótimas, quando não se espera estresse hídrico e a expectativa de rendimento é alta, aplicam-se cerca de 60 kg, mas, quando as condições são desfavoráveis ao máximo desenvolvimento das plantas, aplicam-se doses próximas a 30 $kg.ha^{-1}$ (Spehar, 2007). Sob as condições do Cerrado brasileiro, predominam solos altamente intemperizados, como os latossolos, em geral pobres em P disponível e ricos em oxidróxidos de Fe e Al, compostos responsáveis pela alta retenção de P em formas indisponíveis. Esse aspecto (locais com presença de solos com alta capacidade natural de fixação de P) deve ser levado em consideração na recomendação de adubação fosfatada.

Potássio

Para a obtenção de elevados rendimentos, utilizam-se em torno de 60 a 90 $kg.ha^{-1}$ de K_2O. Entretanto, em muitos casos, não se inclui o K nas recomendações de adubação de quinoa, pois não se tem encontrado resposta da cultura à aplicação desse elemento, o que possivelmente reflete a ocorrência natural de níveis adequados dele nos solos das principais regiões produtoras (Mujica et al., 2001).

Cálcio e magnésio

Não há informações disponíveis sobre a aplicação de fontes de cálcio e magnésio na cultura, entretanto, sabe-se que ela extrai quantidades consideráveis desses elementos (Mujica et al., 2001; Spehar, 2007; Tabela 1). Quando as necessidades de cálcio e magnésio não forem supridas pelos nutrientes residuais deixados pela rotação anterior, podem ser fornecidos através da aplicação de calcário com elevado poder de neutralização na etapa de preparação do solo, o que seria válido especialmente em áreas com problemas de elevada acidez. Em alguns casos, a aplicação de gesso pode ser interessante, tendo em vista que essa prática, além do aumento de cálcio, atua sobre a redução da saturação do alumínio em subsolos ácidos, o que permite que o sistema radicular explore maior volume de solo.

Micronutrientes

Os micronutrientes (B, Cl, Cu, Fe, Mn, Mo, Ni, Zn) são essenciais ao crescimento das plantas, mas são requeridos em quantidades menores do que os macronutrientes. Avaliações da deficiência ou do excesso de micronutrientes podem ser feitas através de procedimentos como análise de solos e plantas, avaliação visual e conhecimento do histórico de uso de uma área. As deficiências de micronutrientes têm assumido importância crescente nos últimos anos, em função do desenvolvimento de cultivares altamente produtivos, o que, por sua vez, resulta em maior remoção e exportação desses elementos (Abreu et al., 2007).

Não existem informações disponíveis a respeito da adubação com micronutrientes no cultivo da quinoa. Como as quantidades exportadas desses elementos são baixas, deficiências poderiam ser esperadas apenas em áreas cultivadas com variedades altamente produtivas. Como essa não é a realidade na maioria das regiões produtoras tradicionais, pode-se afirmar que problemas com micronutrientes são pouco prováveis no cenário atual, no qual toda a demanda da cultura provavelmente está sendo suprida de modo natural ou pelos resíduos deixados pela rotação de culturas empregada.

Adubação com dejetos animais: benefícios, riscos e aspectos do manejo

Há milênios os dejetos animais são usados como fertilizantes na adubação de culturas (Kielh, 1985). Quando adequadamente empregados, exercem diversas funções benéficas: fornecem macro e micronutrientes; atuam como corretivos, aumentando o poder tampão dos solos e reduzindo a toxidez de Al^{+3}, no caso de solos ácidos; atuam como condicionadores, aumentando os teores de carbono orgânico do solo e incrementando a agregação e a estrutura do solo (Kieh, 1985).

A aplicação agrícola de dejetos animais, entretanto, também apresenta riscos, como: presença de patógenos causadores de infecção no homem; disseminação de sementes de ervas daninhas; possibilidade de acúmulo de sais; aplicação desbalanceada de nutrientes, que podem lixiviar e se tornar poluentes, como os nitratos e fosfatos (Pepper & Gerba, 2006). Mais recentemente, uma série de trabalhos na literatura (Martínez-Carballo et al., 2007; Karci & Balcioğlu, 2009; Leal et al., 2012) evidenciou o potencial de contaminação do solo por resíduos de antibióticos de uso veterinário, contaminantes que podem estar presentes nos dejetos animais em concentrações significativas, havendo relatos de até 1,42 $g.kg^{-1}$ em amostras de esterco de galinha na China (Zhao et al., 2010). Isso se aplica especialmente no caso de criações animais intensivas, nas quais antibióticos são usados na prevenção e no tratamento de doenças infecciosas. A ocorrência desses compostos (antibióticos de uso veterinário) no ambiente pode impactar negativamente organismos aquáticos e terrestres, sobretudo via efeitos crônicos, além de exercer possível influência no aumento da resistência de microrganismos aos agentes antibióticos (Kemper, 2008).

Desse modo, antes de utilizar dejetos animais para adubação, é importante conhecer: o conteúdo de nutrientes do material; as taxas de mineralização dos nutrientes presentes, especialmente do N; os teores de sais; as concentrações e os tipos de elementos tóxicos presentes; a época e o modo de aplicação; e, por fim, a quantidade e o tipo de sementes de ervas daninhas presentes (Pepper & Gerba, 2006). Segundo Havlin et al. (2004), o aproveitamento máximo, pelas culturas, dos nutrientes contidos nos dejetos animais depende principalmente do conteúdo de nutrientes do material, dos métodos e épocas de aplicação e, por fim, da disponibilidade imediata e residual dos nutrientes.

Quanto à composição química dos dejetos, ela é bastante variável, dependendo diretamente de fatores como: o tipo de animal; a natureza e a composição da alimentação recebida; o tipo e a quantidade de materiais usados como revestimento (por exemplo, a cama na criação de frangos); o teor de umidade do material; e, por fim, os métodos de coleta, armazenamento e manuseio antes da aplicação (Havlin et al., 2004). No geral, os estercos de frango e de porco contêm teores mais elevados de

N e P do que os estercos de gado de corte ou leiteiro. Também o esterco de frango é mais rico em nutrientes do que a cama de frango, devido ao efeito de diluição promovido pelos materiais usados no revestimento da cama, ricos em carbono (Miller & Miller, 1999).

Conforme Diacono & Montemurro (2010), a utilização do material (dejeto animal) já compostado é vantajosa em relação ao esterco fresco, ocorrendo: redução do número de sementes viáveis de ervas daninhas; diminuição do tamanho das partículas, facilitando a distribuição do material no campo; melhoria na composição nutricional, que se torna mais balanceada; estabilização da matéria orgânica presente; liberação mais gradual dos nutrientes.

Na prática, a informação mais importante para a tomada de decisão quanto às doses a serem aplicadas é a composição química aproximada do material (conteúdo de nutrientes, valor corretivo e presença de contaminantes). Os dejetos podem ser aplicados com diferentes objetivos: fornecimento de nutrientes, sobretudo N e P; como agentes corretivos, o que é determinado pelo seu equivalente em carbonato de cálcio; como condicionadores de solo, para aumentar os teores de carbono orgânico nele. No primeiro e no segundo casos, ao aplicar as doses específicas, devem-se levar em conta os teores de nutrientes disponíveis e/ou as quantidades de carbonato necessárias para atingir determinado pH. Neste caso, é difícil definir as doses específicas, do ponto de vista agronômico, entretanto elas devem ser conservadoras do ponto de vista ambiental, evitando-se com isso perdas de nutrientes por volatilização ou *runoff* e/ou os riscos de contaminação do lençol freático (Miller & Miller, 1999). Após aplicados, os dejetos devem ser incorporados o quanto antes ao solo, evitando com isso mau cheiro, perdas por volatilização de amônia e perdas por *runoff*.

Necessidades futuras de pesquisas na área

A adubação tem por finalidade complementar a disponibilidade natural de nutrientes do solo para a cultura. Assim, o seu manejo depende diretamente da disponibilidade natural de nutrientes no solo. Quando nele ainda não foram atingidos os teores críticos de qualquer nutriente, a cultura será bastante responsiva aos nutrientes adicionados via adubação. Entretanto, quando as condições do solo são tais que a disponibilidade de nutrientes está acima do nível crítico para determinado cenário, a probabilidade de resposta econômica à adubação será muito menor, correspondendo muitas vezes apenas à reposição das quantidades exportadas pelas culturas (Ceretta et al., 2007).

A avaliação da fertilidade do solo envolve basicamente procedimentos de amostragem, métodos de análise, técnicas de diagnóstico dos resultados (análises químicas de solo e planta) e modelos de interpretação e de recomendação de corretivos e fertilizantes. O modelo mais difundido atualmente utiliza a análise de solo como ferramenta de diagnóstico da fertilidade, identificando a classe de fertilidade dele (baixa, média, alta etc.). A recomendação é feita com base em tabelas de fertilização, fundamentadas em uma expectativa de resposta da cultura (Cantarutti et al., 2007).

Para que um método de análise de solo possa ser utilizado na recomendação de adubação, deve haver correlação entre os resultados analíticos dele e a resposta da cultura aos nutrientes aplicados nas adubações, o que é conhecido como calibração da análise de solo (Raij, 2011). Assim, a calibração do método de análise química do solo tem por finalidade definir níveis críticos, classes de fertilidade ou de disponibilidade de nutriente e doses de nutrientes a serem aplicadas (Cantarutti et al., 2007). Para isso, são necessários experimentos de campo nos quais estejam presentes os fatores que influenciam a fertilidade do solo e a nutrição da cultura.

Com base nesses ensaios, define-se a resposta da cultura ao aumento da disponibilidade de nutrientes no solo, servindo de referencial para a interpretação dos resultados de análise do solo de forma simples. No geral, esses experimentos devem ter delineamento experimental uni ou multifatorial, englobando solos de diferentes classes de fertilidade, e devem ser repetidos em diferentes localidades e ao longo do tempo. Devem-se utilizar pelo menos cinco doses do nutriente, com intervalo pequeno entre uma aplicação e outra, mas com amplitude suficiente para atingir a dose em que não há mais resposta da cultura. Esses experimentos permitem identificar a máxima produção da cultura para cada condição experimental (Cantarutti et al., 2007).

Com relação a isso, percebe-se que muito pouco foi feito na região andina, o principal centro produtor de quinoa em todo o mundo. Levando em conta os baixos níveis de produtividade normalmente encontrados na região, pode-se considerar a fertilidade do solo e o manejo adequado de nutrientes via adubação as ferramentas mais importantes, que podem contribuir para o aumento sustentável da produção de quinoa na região. Para tal, é de suma importância que as autoridades e as instituições locais de ensino e pesquisa reúnam esforços no sentido de desenvolver experimentos de campo como aqueles anteriormente descritos, fazendo uso de métodos científicos adequados no estabelecimento das relações solo–planta, o que permitirá a obtenção de conhecimentos sólidos e consistentes que beneficiarão de modo direto todos os envolvidos na cadeia produtiva da cultura. A título de exemplo, no Brasil, para as adubações fosfatada e potássica, em geral são estabelecidas classes de teores nos solos. Para cada classe determinam-se as adubações indicadas, processo amparado pela experimentação em campo. Já para o nitrogênio, o mais comum é que as recomendações variem conforme o histórico da área e a produtividade esperada.

Considerações finais

Existem grandes lacunas de informações sobre adubação de quinoa baseadas em experimentação científica. Os ensaios necessários para a obtenção desses dados são de longo prazo e devem ser desenvolvidos em diferentes condições, devido à multiplicidade de fatores que afetam o desenvolvimento das plantas e a utilização de nutrientes, o que exige, por sua vez, o emprego de métodos científicos adequados no estabelecimento das relações solo–planta, com apoio na estatística experimental.

Referências bibliográficas

ABREU, C. A.; LOPES, A. S.; SANTOS, G. Micronutrientes. In: NOVAIS, R. F. et al. (Eds.). **Fertilidade do solo.** Viçosa: Sociedade Brasileira de Ciência do Solo, 2007, 1.017p. Cap. XI, p. 646-736.

AGUILAR, P. C.; JACOBSEN, S. E. Cultivation of quinoa on the Peruvian Altiplano. **Food Reviews International**, v. 19, p. 31-41, 2003.

ALVAREZ, M.; RÜTTE, S. von. Fertilizácion. In: WAHLI, C. **Quinoa:** hacia su cultivo commercial. Quito: Latinreco, 1990. 206p. Cap. VI, p. 109-15.

CANTARELLA, H. Nitrogênio. In: NOVAIS, R. F. et al. (Eds.). **Fertilidade do solo.** Viçosa: Sociedade Brasileira de Ciência do Solo, 2007, 1.017p. Cap. VII, p. 375-470.

CANTARUTTI, R B. et al. Avaliação da fertilidade do solo e recomendação de fertilizantes. In: NOVAIS, R. F. et al. (Eds.). **Fertilidade do solo.** Viçosa: Sociedade Brasileira de Ciência do Solo, 2007. 1.017p. Cap. XIII, p. 769-850.

CERETTA, C. A.; SILVA, L. S.; PAVINATO, A. Manejo da adubação. In: NOVAIS, R. F. et al. (Eds.). **Fertilidade do solo.** Viçosa: Sociedade Brasileira de Ciência do Solo, 2007. 1.017p. Cap. XIV, p. 851-72.

DELATORRE-HERRERA, J. Current use of quinoa in Chile. **Food Reviews International**, v. 19, p. 155-65, 2003.

DIACONO, M.; MONTEMURRO, F. Long-term effects of organic amendments on soil fertility. A review. **Agronomy for Sustainable Development,** v. 30, p. 401-22, 2010.

ERLEY, G. S. et al. Yield and nitrogen utilization efficiency of the pseudocereals amaranth, quinoa, and buckwheat under differing nitrogen fertilization. **European Journal of Agronomy**, v. 22, p. 95-100, 2005.

FAO. **La quinoa:** cultivo milenario para contribuir a la seguridad alimentaria mundial, 2011. 58p.

HANCCO, J. M. L. **Cultivo de la quinoa en Puno-Perú:** descripción, manejo y producción. Una-Puno, 2003. 62p.

HAVLIN, J. L. et al. Basics of nutrient management. In: HAVLIN, J. L. et al. **Soil fertility and fertilizers:** an introduction to nutrient management. Prentice Hall, 2004. 528p. Cap. X, p. 362-416.

JACOBSEN, S. E. The situation for quinoa and its production in Southern Bolivia: from economic success to environmental disaster. **Journal of Agronomy and Crop Science**, v. 197, p. 390-9, 2011.

KARCI, A.; BALCIOĞLU, I. A. Investigation of the tetracycline, sulfonamide, and fluroquinolone antimicrobial compounds in animal manure and agricultural soils in Turkey. **Science of the Total Environment,** v. 407, p. 4652-64, 2009.

KEMPER, N. Veterinary antibiotics in the aquatic and terrestrial environment. **Ecological Indicators**, v. 8, p. 1-13, 2008.

KIEHL, E. J. **Fertilizantes orgânicos.** Piracicaba: Editora Agronômica Ceres, 1985. 492p.

LEAL, R. M. P. et al. Occurrence and sorption of fluoroquinolones in poultry litters and soils from São Paulo State, Brazil. **Science of the Total Environment,** v. 432, p. 344-9, 2012.

LOPES, A. S.; GUILHERME, L. R. G. Fertilidade do solo e produtivdade agrícola. In: NOVAIS, R. F. et al. (Eds.). **Fertilidade do solo.** Viçosa: Sociedade Brasileira de Ciência do Solo, 2007. 1.017p. Cap. I, p. 1-64.

MARTÍNEZ-CARBALLO, E. et al. Environmental monitoring study of selected veterinary antibiotics in animal manure and soils in Austria. **Environmental Pollution,** v. 148, p. 570-9, 2007.

MILLER, D. M.; MILLER, W. P. Land application of wastes. In: SUMNER, M. E. **Handbook of soil science.** CRC Press, 1999. 2.148p. Cap. G, p. G217-45.

MUJICA, A. S.; CANAHUA, A.; SARAVIA, R. Agronomia del cultivo de la quinoa. In: MUJICA, A. S. et al. **Quinoa:** ancestral cultivo andino, alimento del presente y futuro. FAO, 2001. Cap. II.

MUJICA, A.; MARCA, S.; JACOBSEN, S. E. Current production and potential of quinoa (*Chenopodium quinoa* Willd.) in Peru. **Food Reviews International**, v. 19, p. 149-54, 2003.

PEPPER, I. L.; GERBA, C. P. Land application of biosolids and animal wastes. In: PEPPER, I. L.; GERBA, C. P.; BRUSSEAU, M. L. **Environmental & Pollution Science.** Academic Press, 2006. 532p. Cap. XXVII, p. 451-67.

PULVENTO, C. et al. Field trial evaluation of two *Chenopodium quinoa* genotypes grown under rain-fed conditions in a typical Mediterranean environment in South Italy. **Journal of Agronomy and Crop Science**, v. 196, p. 407-11, 2010.

RAZZAGUI, F. et al. Effect of nitrogen and water availability of three soil types on yield, radiation use efficiency and evapotranspiration in field-grown quinoa. **Agricultural Water Management**, v. 109, p. 20-9, 2012.

RAIJ, B. Van. **Fertilidade do solo e manejo de nutrientes.** International Plant Nutrition Institute, 2011. 420p.

SPEHAR, C. R.; SANTOS, R. L. B. Quinoa BRS Piabiru: alternativa para diversificar os sistemas de produção de grãos. **Pesquisa Agropecuária Brasileira**, v. 37, p. 889-93, 2002.

SPEHAR, C. R.; SANTOS, R. L. B. Exigência nutricional e adubação. In: SPEHAR, C. R. **Quinoa:** alternativa para diversificação agrícola e alimentar. Planaltina: Embrapa Cerrados, 2007. 103p. Cap. 4, p. 57-61.

STIKIC, R. et al. Agronomical and nutritional evaluation of quinoa seeds (*Chenopodium quinoa* Willd.) as an ingredient in bread formulations. **Journal of Cereal Science**, v. 55, p. 132-8, 2012.

VASCONCELOS, F. S. et al. Desenvolvimento e produtividade de quinoa semeada em diferentes datas no período safrinha. **Revista Ciência Agronômica**, v. 43, p. 510-5, 2012.

VEGA-GÁLVEZ, A. et al. Nutrition facts and functional potential of quinoa (*Chenopodium quinoa* Willd.), an ancient Andean grain: a review. **Journal of the Science of Food and Agriculture**, v. 90, p. 2541-7, 2010.

ZHAO, L.; DONG, Y. H.; WANG, H. Residues of veterinary antibiotics in manures from feedlot livestock in eight provinces of China. **Science of the Total Environment,** v. 408, p. 1.069-75, 2010.

3

Bioecologia, monitoramento e controle das principais pragas de quinoa

Odimar Zanuzo Zanardi[1]
Rosario Bravo[2]

Introdução

A quinoa, *Chenopodium quinoa* Willd., é uma cultura de grande importância para o desenvolvimento socioeconômico dos povos andinos e, atualmente, vem sendo cultivada em diversas regiões do mundo, na tentativa de suprir a demanda mundial pelo produto. É um dos alimentos proteicos mais completos, pois atende as necessidades de aminoácidos básicos e não possui glúten (Spehar et al., 2011). No entanto, a presença de insetos-praga pode reduzir a produtividade e a

1. Escola Superior de Agricultura "Luiz de Queiroz" da Universidade de São Paulo – Esalq/USP. Departamento de Entomologia e Acarologia. Av. Pádua Dias, 11. Caixa Postal 9. Cep 13418-900, Piracicaba, SP, Brasil. odimarzanardi@yahoo.com.br
2. Facultad de Ciencias Agrarias de la Universidad Nacional del Altiplano – UNA. Avenida Floral, 1153. Puno, Perú.

qualidade dos grãos produzidos. Cerca de 22 espécies de insetos já foram registradas causando algum tipo de dano em plântulas, folhas, hastes, inflorescências e grãos de quinoa, mas poucas têm sido consideradas pragas de importância econômica. Entre elas, as lagartas que alimentam-se de folhas e inflorescências (panículas) são consideradas as mais importantes e as que causam os maiores prejuízos nas áreas de produção. Além do mais, algumas espécies podem eventualmente provocar danos, enquanto outras apresentam potencial para tornar-se pragas na cultura. Neste capítulo, serão abordados os principais aspectos bioecológicos das principais pragas, bem como algumas estratégias para o monitoramento e o manejo na cultura.

Traças-da-quinoa

Entre as pragas, as traças são as mais importantes nas áreas de produção de quinoa, devido aos danos diretos e indiretos causados por esses insetos aos cultivos. Atualmente, estão presentes em todas as regiões do Peru e da Bolívia, onde a cultura é amplamente cultivada e as condições climáticas são favoráveis ao desenvolvimento do inseto (Spehar, 2007). Também já foram encontradas na Argentina, no Chile, no Equador e na Colômbia (Rasmussen et al., 2003; Costa et al., 2009a), em baixos níveis populacionais.

Taxonomia

Ordem: Lepidoptera

Subordem: Frenate

Superfamília: Gelechoidea

Família: Gelechiidae

Gênero: *Eurysacca*

Espécies: *Eurysacca quinoae*; *Eurysacca melanocampta*

Nomes comuns: traça-da-quinoa, lagartas-dos-grãos, kcona-kcona

Morfologia e biologia

Os adultos (Figura 1) são pequenas mariposas de aproximadamente 9 mm de comprimento e 14 a 18 mm de envergadura, de coloração cinza-palha e com presença de pequenas manchas escuras nas asas (Campos et al., 2012). As fêmeas depositam ovos em grupos de 30 a 40 (Tapia & Fries, 2007). A oviposição é realizada sobretudo sobre as folhas das plantas ou diretamente nas panículas, durante o período de prefloração e o início da formação da panícula e dos grãos. Os ovos são branco-leitosos, semiesféricos e com aproximadamente 0,6 mm de comprimento e 0,3 mm de largura. O período de incubação é de oito a nove dias a 18°C (Cardenas et al., 2006).

As lagartas (Figura 1) são do tipo eruciforme, com quatro pares de falsas pernas abdominais, de coloração branco-creme, com manchas verde-rosadas. Passam por cinco ecdises que duram de 35 a 40 dias, dependendo do alimento e das condições climáticas do local (Ortíz, 1976; Costa et al., 2009). O estágio de pupa ocorre em geral no solo e eventualmente nas inflorescências com maturação mais avançada. A duração do estágio pupal é de 23 dias, a 18°C (Cardenas et al., 2006). Em condições de campo, o ciclo ovo–adulto varia de 47 a 88 dias, dependendo principalmente da temperatura. As fêmeas depositam em média trezentos ovos durante a sua longevidade (vinte a trinta dias).

Figura 1. Lagartas e adulto de *Eurysacca quinoae*. Fotos: Elva Campos, UNA-Puno.

Danos

Os danos são ocasionados pela alimentação das lagartas nas estruturas vegetativas e reprodutivas das plantas. Nos estágios iniciais, elas atacam preferencialmente as folhas, os brotos e as inflorescências em formação, enquanto nos estágios subsequentes atacam também inflorescências com maturação mais avançada. Sob alta infestação, caso não seja realizado o controle, o inseto pode provocar perda total da produção.

Monitoramento

O monitoramento das lagartas deve ser realizado durante todo o ciclo de desenvolvimento da cultura (da emergência à colheita), observando-se a presença delas ou dos danos que causaram nas folhas, nos brotos e nas inflorescências. O monitoramento dos adultos pode ser realizado com armadilhas adesivas de coloração amarela ou com o uso de feromônios sexuais.

Manejo

Dentre as estratégias de manejo que podem ser adotadas para reduzir os níveis populacionais da praga, a preparação do solo com arações e gradagens permite eliminar parte das pupas presentes nele. O revolvimento do solo também auxilia na exposição das pupas aos predadores (sobretudo aves) e à ação dos raios solares. A eliminação de plantas hospedeiras e a rotação de culturas são estratégias que também contribuem para a redução da infestação da praga nas áreas para os cultivos subsequentes (Mujica, 1993; Zanabria & Banegas, 1997; Rasmussen et al., 2001).

Além disso, a conservação dos agentes de controle biológico, em especial os parasitoides dos gêneros *Phytomyptera*, *Apanteles*, *Earinus*, *Diadegma* e *Copidosoma*, é muito importante para o estabelecimento do equilíbrio biológico entre as populações e para redução das perdas econômicas nas áreas de produção (Ortíz, 1998; Sequeiros, 2001; Rasmussen et al., 2001; Costa et al., 2009). Além dos parasitoides, os predadores do gênero *Meotachis* têm sido um dos mais importantes e efetivos agentes de controle biológico das traças, devido a sua alta voracidade e capacidade de subir nas panículas (Loza & Bravo, 2001).

O uso de agentes entomopatogênicos como fungos, bactérias e vírus também pode ser uma alternativa para o manejo de *E. melanocampta* e *E. quinoae* (Tarqui, 2002). No entanto, os vírus, de modo geral, são mais suscetíveis à ação dos raios solares e às variações climáticas (temperatura e umidade), o que pode limitar seu uso no controle da praga. Por outro lado, o uso de *Bacillus thuringiensis*, principalmente nos estágios iniciais de desenvolvimento das lagartas, tem sido altamente efetivo para o controle desses insetos.

O controle químico só deverá ser adotado quando forem constatadas cinco ou mais lagartas por planta (Blanco, 1994), dando-se preferência aos inseticidas biológicos e compostos de origem botânica, com eficácia comprovada. O uso de inseticidas piretroides e espinosinas também tem sido altamente efetivo para o controle de *E. melanocampta* e *E. quinoae* nos cultivos andinos. No entanto, esses inseticidas devem ser utilizados de acordo com as recomendações técnicas do fabricante e com amparo legal dos órgãos normatizadores de cada região.

Noctuídeos-pragas

Existe um complexo de noctuídeos que podem atacar os cultivos de quinoa, principalmente nos estágios iniciais de desenvolvimento da cultura. São insetos polífagos e com ampla distribuição geográfica (Ângulo & Olivares, 2005; Bento et al., 2007). Em áreas de produção, essas espécies são consideradas pragas ocasionais, atacando preferencialmente as folhas e as hastes novas (Ângulo & Olivares, 2003; Rasmussen et al., 2003; Simmons & Pogue, 2004).

TAXONOMIA

Ordem: Lepidoptera

Subordem: Glossata

Superfamília: Noctuoidea

Família: Noctuidae

Gêneros: *Copitarsia, Feltia, Heliothis, Agrotis*

Espécies: *Copitarsia turbata*; *Feltia andina*; *Feltia experta*; *Heliothis titicacae*; *Agrotis ipsilon*

Nomes comuns: lagartas-desfolhadoras, gusanos-de-tierra, rosquillas, ticonas, silhui, ticuchi

MORFOLOGIA E BIOLOGIA

As mariposas possuem o corpo robusto, com asas cobertas por densas escamas. As espécies se diferenciam pela presença de listras e pontuações escuras nas asas anteriores. Os adultos possuem hábito noturno e as fêmeas depositam seus ovos, em grupos ou isolados, em fendas no solo, próximo ao colo das plantas ou diretamente nas folhas, nas hastes e nos brotos. Os ovos possuem coloração e forma variáveis (Alcázar, 1997; Gallo et al., 2002). O período de incubação deles varia de cinco a oito dias, dependendo da espécie e das condições ambientais. As lagartas (Figura 2) são do tipo eruciforme, de tamanho médio a grande (de 20 a 40 mm de comprimento em seu máximo desenvolvimento), com quatro pares de falsas pernas abdominais. Elas passam por quatro a seis ecdises que duram de 35 a 64 dias (Larraín, 1996). As pupas são de coloração marrom-escura, com 15 a 30 mm de comprimento. A duração do estágio pupal varia de 14 a 28 dias (Larraín, 1996; Alcázar, 1997), mas, em regiões com baixas temperaturas, pode se prolongar por até oito semanas. O ciclo biológico ovo–adulto varia de 65 a 98 dias. As fêmeas são altamente fecundas, podendo depositar até mil ovos durante a sua vida (quatorze a dezessete dias) (Gallo et al., 2002; Bento et al., 2007).

Figura 2. Lagarta de noctuídeo em folhas de quinoa. (Foto: Elva Campos Quispe, UNA-Puno).

Danos

As lagartas cortam as plantas, principalmente nos estágios iniciais de desenvolvimento da cultura, reduzindo o estande da lavoura. Nos últimos instares, elas podem cortar mais de uma planta em uma só noite. Além disso, podem consumir parte das folhas e das estruturas jovens das plantas, reduzindo a área foliar e o potencial fotossintético delas. Sob alta infestação, algumas espécies também podem atacar as inflorescências, reduzindo a produção.

Monitoramento

Para o monitoramento de lagartas, recomenda-se fazer inspeções periódicas nas áreas de cultivo, observando a presença de formas jovens no solo e nas estruturas vegetativas e reprodutivas das plantas (folhas, brotações e inflorescências). Além disso, pode-se fazer uso de armadilhas luminosas para a detecção da presença de adultos nas áreas de produção.

Manejo

O revolvimento do solo, antes da semeadura, para a exposição das lagartas e pupas aos predadores e à ação dos raios solares é uma estratégia importante e que auxilia na redução dos níveis populacionais dessas pragas. A eliminação de plantas hospedeiras que servem de abrigo e alimento aos insetos durante e após a colheita é uma medida que deve ser adotada, de modo a reduzir a população da praga para a próxima estação de cultivo. A conservação dos inimigos naturais nas áreas de produção contribui significativamente para manter os níveis populacionais abaixo daqueles capazes de causar prejuízos econômicos.

Em áreas com histórico de ataques dessas pragas, recomenda-se fazer o tratamento da semente no momento da semeadura, garantindo, dessa forma, a proteção da cultura durante os estágios iniciais do seu desenvolvimento. Inseticidas granulados no sulco de semeadura também podem ser utilizados como uma medida alternativa para o manejo dessas pragas. Durante o desenvolvimento da cultura, o controle químico só deverá ser realizado em casos de alta infestação. A aplicação deve ser feita de forma criteriosa e localizada (no local da infestação), dando-se preferência a produtos que provocam menor impacto aos agentes biológicos não alvo e ao meio ambiente.

Epitrix

São besouros polífagos, facilmente reconhecidos pelos produtores de quinoa na região do Altiplano. Embora frequentes, os níveis populacionais desses insetos são relativamente baixos e é raro causarem prejuízos à cultura.

Taxonomia

Ordem: Coleoptera
Subordem: Poliphaga
Superfamília: Chrysomeloidea
Família: Chrysomelidae
Gênero: *Epitrix*
Espécies: *Epitrix yanazara*, *Epitrix subcrinita*, *Epitrix* sp.
Nomes comuns: epitrix, pulga, pulga-saltadora, piqui-piqui

Morfologia e biologia

Os adultos (Figura 3) são pequenos besouros de aproximadamente 2 mm de comprimento, corpo ovalado e coloração que varia do marrom--escuro ao azul-brilhante. Apresentam os fêmures das pernas posteriores dilatados e são ativos durante o dia, dispersando-se com rapidez nas horas de maior insolação. As fêmeas depositam seus ovos em grupos no solo, de forma escalonada, junto ao colo das plantas. Os ovos são de coloração

Figura 3. Adulto de *Epitrix* spp. Foto: Celeigher Piñango.

clara, brilhantes, com tamanho de 0,5 mm. O período de incubação é de sete a quinze dias. Após a eclosão, as larvas se deslocam em direção ao sistema radicular, onde completam seu desenvolvimento, alimentando-se das raízes das plantas. Elas atingem cerca de 3,5 mm de comprimento ao final do seu desenvolvimento, que se completa após quatro a seis semanas. Decorrido esse período, as larvas transformam-se em pupas, que posteriormente darão origem aos adultos, os quais vivem de cinquenta a noventa dias. Devido à sua grande longevidade e ao escalonamento das oviposições, o período de emergência dos insetos pode ser extenso, havendo a possibilidade de ocorrer sobreposições de gerações ao longo do tempo.

Danos

Os adultos se alimentam das folhas, abrindo nelas pequenos orifícios de forma circular. Em plantas jovens, podem causar desfolhamento total, uma vez que o ataque da praga ocorre de forma localizada. Os maiores danos são constatados em períodos secos e com temperaturas mais elevadas (veranicos).

Monitoramento

O monitoramento do inseto deve ser realizado diretamente nas plantas, observando-se a presença dele ou dos danos que causa nas folhas, sobretudo nas bordas da lavoura, a partir da emergência da cultura.

Manejo

Entre as estratégias de manejo da praga, a eliminação de plantas hospedeiras e a remoção dos restos das culturas são medidas que criam condições desfavoráveis para a sobrevivência e a multiplicação do inseto no interior das áreas de produção e nas regiões periféricas. De modo geral, esses insetos são encontrados em baixos níveis populacionais, não sendo necessário realizar intervenções com produtos químicos.

Pulgões

Os pulgões são insetos sugadores que infestam uma variedade de plantas hospedeiras (Cividanes & Santos-Cividanes, 2010; Soares et al., 2012). Em quinoa, são considerados pragas ocasionais e ocorrem principalmente durante o período de desenvolvimento e maturação da panícula.

Taxonomia

Orden: Hemiptera

Suborden: Sternorrhyncha

Superfamília: Aphidoidea

Família: Aphididae

Gêneros: *Myzus*, *Macrosiphum*

Espécies: *Macrosiphum euphorbiae*; *Myzus persicae*

Nomes comuns: afídeos, pulgões

Morfologia e biologia

Os adultos de *Ma. euphorbiae* medem de 3 a 4 mm de comprimento e são de coloração verde, com o tórax e a cabeça amarelados (Figura 4). Apresentam antenas escuras e maiores do que o corpo. O corpo é de formato piriforme, com sifúnculos relativamente longos e ápice reticulado (Gallo et al., 2002). Já os adultos do pulgão *My. persicae* são pequenos, com cerca de 2 mm de comprimento, de coloração que varia de verde-claro a verde intenso, com a cabeça, as antenas e o tórax escuros. O período de desenvolvimento ninfal é de aproximadamente dez dias (Barbosa et al., 2006).

Figura 4. Adulto e ninfas de *Macrosiphum euphorbiae.*

As fêmeas são vivíparas e se reproduzem por partenogênese telítoca. Cada uma dá origem a oitenta novas fêmeas, sem a participação do macho. O período reprodutivo, a longevidade e o ciclo ninfa–adulto são de aproximadamente 13, 15 e 36 dias a 25°C, respectivamente (Barbosa et al., 2006).

Danos

Os pulgões se alimentam de seiva, principalmente nas regiões de crescimento das plantas (tecidos jovens), causando o enrolamento das folhas e a redução do desenvolvimento da cultura. Além dos danos diretos, eles eliminam grande quantidade de substâncias açucaradas (*honeydew*) que servem de alimento para o fungo saprofítico do gênero *Capnodium* sp., agente causador da fumagina nas plantas. Em quinoa, os prejuízos são, na maioria das vezes, de ordem estética, uma vez que a incidência desse inseto é esporádica e no final do ciclo da cultura (próximo à maturação dos grãos).

Monitoramento

O monitoramento de pulgões pode ser realizado com bandejas (50 cm de comprimento × 32 cm de largura × 8 cm de altura) de cor amarela, com água e detergente, colocadas nas bordas das lavouras para a captura dos adultos alados.

Manejo

O uso de adubos nitrogenados em excesso é uma tática que favorece o ataque de pulgões. Por isso, a análise do solo e o uso de fertilizantes nitrogenados de forma equilibrada são importantes estratégias para diminuir as infestações de pulgões, pois reduzem o vigor das plantas, tornando-as menos favoráveis ao estabelecimento e desenvolvimento dos insetos. A eliminação de plantas hospedeiras situadas próximo ou no interior das áreas de cultivo também reduz a infestação da praga nos cultivos, em especial quando as plantas infestantes possuem flores de coloração amarela, como nabo silvestre. Os inimigos naturais, como parasitoides e predadores, são, na maioria das vezes, suficientes para manter as populações de pulgões em níveis baixos.

O controle químico não é recomendado, uma vez que os inseticidas podem reduzir as populações de inimigos naturais e, assim, proporcionar um aumento na população da praga. Caso seja necessário, deve-se dar preferência aos inseticidas com reduzido período residual e com baixo efeito sobre os organismos não alvos.

Tripes

Em quinoa, os tripes são considerados pragas potenciais, mas não causam danos expressivos à cultura.

Taxonomia

Ordem: Thysanoptera
Subordem: Terebrantia
Superfamília: Thripoidea
Família: Thripidae
Gênero: *Frankliniella*
Espécie: *Frankliniella* sp.
Nome comum: tripes

Morfologia e biologia

Os tripes do gênero *Frankliniella* são insetos de coloração marrom, com asas franjadas e cerca de 0,8 mm de comprimento (Figura 5). As fêmeas depositam seus ovos preferencialmente no parênquima das folhas. Os ovos são de coloração opaca, reniformes e medem de 0,25 a 0,50 mm de comprimento. O período de incubação é de três a quatro dias. Após a eclosão, as ninfas apresentam coloração transparente, a qual torna-se de

Figura 5. Adulto de tripes *Frankliniella* spp.

amarelada a alaranjada com o avanço do desenvolvimento. Ao final do estágio imaturo, as ninfas passam por um período de inatividade também conhecido como pseudopupa, que dura em média quatro dias. A longevidade dos insetos varia de 30 a 35 dias.

Danos

Os tripes ocorrem preferencialmente no início do desenvolvimento da cultura. Os danos são ocasionados quando eles se alimentam, pois raspam as células epidérmicas das folhas, formando pequenas estrias. Além da alimentação, as fêmeas também realizam puncturas nas folhas para a deposição dos seus ovos.

Monitoramento

A infestação por tripes pode ser monitorada com armadilhas adesivas de cor azul distribuídas nas bordas e no interior das áreas de produção. As inspeções devem ser realizadas a cada quinze dias, observando-se a presença de insetos nas armadilhas.

Manejo

A eliminação de plantas hospedeiras reduz o crescimento populacional da praga. O controle químico não é recomendado, uma vez que a quinoa não tem sido um dos seus hospedeiros preferenciais.

Burrinhos-das-solanáceas

Os burrinhos são pragas ocasionais encontradas em algumas regiões produtoras de quinoa. Em áreas de cultivo próximas às lavouras de batata tem sido mais frequente o ataque desses insetos.

Taxonomia

Ordem: Coleoptera

Subordem: Poliphaga

Superfamília: Meloidea

Família: Meloidae

Gênero: *Epicauta*

Espécies: *Epicauta pennsylvanica*, *Epicauta pestifera*

Nomes comuns: burrinho-das-solanáceas, escarabajo-negro, k'ccara sacos

Morfologia e biologia

Os adultos são de coloração escura, com 10 a 20 mm comprimento (Figura 6). As fêmeas depositam seus ovos em grupos de cinquenta a oitenta no solo. Os ovos possuem coloração clara e forma alongada. O período de

Figura 6. Adulto de burrinho-das-solanáceas.

incubação varia de 15 a 21 dias. As larvas se desenvolvem no solo, mas não atacam a cultura, porque nesse estágio de desenvolvimento se comportam como predadoras. Elas passam por seis ecdises biologicamente semelhantes, mas morfologicamente diferentes, porque se desenvolvem por hipermetamorfose. Ao final desse período, elas se transformam em pupa no solo. Esses coleópteros apresentam um ciclo biológico bastante longo, podendo estender-se por até um ano, dependendo das condições ambientais e da disponibilidade de alimento.

Danos

Os adultos atacam de preferência as folhas situadas no terço superior das plantas. As infestações ocorrem em pontos específicos (focos) dentro da área de cultivo. É muito raro estenderem-se por extensas áreas, porque avançam de modo ordenado, em grupos. São insetos polífagos que podem ocorrer durante todo o ciclo da planta e consumir toda a área foliar, deixando apenas as nervuras e as hastes.

Monitoramento

Para o monitoramento do inseto, recomenda-se fazer inspeções periódicas nas áreas de cultivo, observando-se a presença de adultos ou de danos nas estruturas vegetativas das plantas.

Manejo

A rotação de culturas é uma estratégia de manejo que reduz de maneira significativa o estabelecimento e o desenvolvimento desses insetos. Além disso, o revolvimento do solo e a eliminação dos restos de culturas são medidas que contribuem para a redução da população deles. Por apresentarem um comportamento gregário e possuírem baixa capacidade de voo, pode-se realizar o agitamento das plantas infestadas sobre um recipiente com água e detergente. O uso de inseticidas seletivos e com ação de contato e ingestão de modo geral é eficiente para o controle desses insetos. No entanto, os inseticidas devem ser aplicados diretamente nos focos de infestação.

Considerações finais

O controle de pragas em áreas de produção de quinoa deve ser realizado de forma integrada, utilizando-se diferentes táticas de manejo, que visam reduzir os níveis populacionais delas sem provocar perturbações no agroecossistema. As estratégias se resumem à adoção de medidas eficazes de controle, a fim de evitar prejuízos econômicos na cultura. Medidas culturais, mecânicas e biológicas são, na maioria das vezes, suficientes para reduzir e/ou manter as populações das pragas em equilíbrio. O controle químico só deverá ser utilizado quando os níveis populacionais das pragas comprometerem o desenvolvimento e a produção da cultura, utilizando-se produtos com reduzido período residual e com menor efeito sobre organismos não alvos.

Referências bibliográficas

ALCÁZAR, J. **Principales plagas de la papa:** gorgojo de los Andes, *Epitrix* y gusanos de tierra. Fasciculo 3.6. Lima, Peru: Centro Internacional de la Papa (CIP), 1997. 7p.

ANGULO, A. O.; OLIVARES, T. S. Taxonomic update of the species of *Copitarsia* Hampson 1906 (Lepidoptera: Noctuidae: Cuculliinae). **Gayana**, v. 67, n. 1, p. 33-8, 2003.

ANGULO, A. O.; OLIVARES, T. S. Un inventario global y bibliográfico de la subfamilia Noctuinae de Chile (Lepidoptera: Noctuidae). **Revista de Lepidopterología**, v. 33, n. 130, p. 131-66, 2005.

BARBOSA, L. R. et al. Efeito da temperatura na biologia de *Myzus persicae* (Sulzer) (Hemiptera: Aphididae) criado em pimentão. **Acta Scientiarum Agronomy**, v. 28, n. 2, p. 221-5, 2006.

BENTO, F. M. M. et al. Biologia e tabela de vida de fertilidade de *Agrotis ipsilon* em dieta artificial. **Pesquisa Agropecuária Brasileira**, v. 42, n. 10, p. 1.369-72, 2007.

BLANCO, A. **Umbral económico de kcona kcona *Eurysacca melanocampta* (Lepidoptera, Gelechiidae) en quinoa (*Chenopodium quinoa* Willd.)**. Puno, Perú. 1994. 46p. Thesis (Ingeniero Agronomo) – Universidad Nacional del Altiplano.

CAMPOS, E. et al. Plagas insectiles en áreas de intensificación de quinoa en Puno. **CienciaAgro**, v. 2, n. 3, p. 379-90, 2012.

CARDENAS, M.; AQUINO, M.; COSTA, J. F. Ciclo biológico de la polilla de la quinoa: *Eurysacca melanocampta* Meyrick (Lepidoptera: Gelechiidae) y proporción de sexos en la descendencia. In: XLVIII CONVENCIÓN NACIONAL DE ENTOMOLOGÍA. Sociedad Entomológica del Perú (SEP) y Universidad Agraria La Molina (UNALM). Lima, Perú, 2006.

CIVIDANES, F. J.; SANTOS-CIVIDANES, T. M. Ocorrência de formas aladas de pulgões e sua relação com fatores meteorológicos e plantas hospedeiras. **Pesquisa Agropecuária Brasileira**, v. 45, n. 1, p. 7-15, 2010.

COSTA, J. F. et al. Preference of quinoa moth: *Eurysacca melanocampta* Meyrick (Lepidoptera: Gelechiidae) for two varieties of quinoa (*Chenopodium quinoa* Willd.) in olfactometry assays. **Chilean Journal of Agricultural Research**, v. 69, n. 1, p. 71-8, 2009.

COSTA, J. F.; YÁBAR, E.; GIANOLI, E. Parasitismo sobre *Eurysacca melanocampta* Meyrick (Lepidoptera: Gelechiidae) en los localidades de Cusco, Perú. **Revista Facultad Nacional de Agronomía**, v. 62, n. 1, p. 4.807-13, 2009a.

GALLO, D. et al. **Entomologia agrícola**. Piracicaba: Fealq, 2002. 920p.

KAVALLIERATOS, N. G. et al. Seasonal abundance and effect of predators (Coleoptera: Coccinellidae) and parasitoids (Hymenoptera: Braconidae, Aphidiinae) on *Myzus persicae* (Hemiptera, Aphidoidea) densities on tobacco: a two-year study from Central Greece. **Biologia**, v. 59, n. 5, p. 613-9, 2004.

LARRAÍN, P. S. Biologia de *Copitarsa turbata* (Lepidoptera: Noctuidae) bajo ambiente controlado. **Agricultura Técnica**, v. 56, n. 3, p. 220-3, 1996.

LOZA, A.; BRAVO, R. Poblaciones de carábidos (Coleoptera) en agroecosistemas del Altiplano Peruano. **Revista Peruana de Entomología**, v. 42, p. 79-87, 2001.

MUJICA, A. **Cultivo de quinoa**. Lima: Instituto Nacional de Investigación Agraria, 1993. 130p.

ORTÍZ, R. Estudio "Kcona Kcona" *Gnorioschema* sp. (Gelechiidae: Lepidoptera) en quinoa (*Chenopodium quinoa* Willd.). En: II CONVENCIÓN INTERNACIONAL DE QUENOPODIACEAS. Potosí, Bolivia, 1976. 228p.

ORTÍZ, R. Parasitoides controladores biológicos de "q'hona q'hona" (*Eurysacca melanocampta* Meyrick). In: **Manejo integrado de plagas en el cultivo de quinoa**. Puno, Perú: Universidad Nacional del Altiplano. 1998. 20p.

RASMUSSEN, C.; JACOBSEN, S. E.; LAGNAOUI, A. Las polillas de la quinoa (*Chenopodium quinoa* Willd.) en el Perú: *Eurysacca* (Lepidoptera: Gelechiidae). **Revista Peruana de Entomologia**, v. 42, p. 57-9, 2001.

RASMUSSEN, C.; LAGNAOUI, A.; ESBJERG, P. Advances in the knowledge of quinoa pests. **Food Reviews International**, v. 19, n. 1-2, p. 61-75, 2003.

SEQUEIROS, P. A. **Fluctuación poblacional de plagas insectiles en quinoa y sus controladores naturales**. Cusco, Perú, 2001. 82p. Tesis (Biólogo) – Universidad Nacional de San Antonio Abad del Cusco, Facultad de Ciencias Biológicas.

SIMMONS, R. B.; POGUE, M. G. Redescription of two often-confused noctuid pests, *Copitarsia decolora* and *Copitarsia incommoda* (Lepidoptera: Noctuidae: Cuculliinae). **Annals of the Entomological Society of America**, v. 97, n. 6, p. 1.159-64, 2004.

SOARES, C. S. A. et al. Atividade inseticida de óleos essenciais sobre *Macrosiphum euphorbiae* (Thomas) (Hemiptera: Aphididae) em roseira. **Revista Brasileira de Agroecologia**, v. 7, n. 1, p. 169-75, 2012.

SPEHAR, C. R. **Amaranto:** opção para diversificar a agricultura e os alimentos. Planaltina, DF: Embrapa Cerrados, 2007. 136p.

SPEHAR, C. R.; ROCHA, J. E. S.; SANTOS, R. L. B. Desempenho agronômico e recomendações para cultivo de quinoa (BRS Syetetuba) no Cerrado. **Pesquisa Agropecuária Tropical**, v. 41, n. 1, p. 145-7, 2011.

TAPIA, M. E.; FRIES, A. M. **Guía de campo de los cultivos andinos**. Lima, Perú: FAO/ Anpe, 2007. 209p.

TARQUI, R. Q. **Dosis de *Baculovirus phthorimaea* para el control biológico de *Eurysacca melanocampta* Meyrick en el cultivo de la quinoa**. La Paz, Bolivia, 2002. 87p. Tesis – Facultad de Agronomía de la Universidad Mayor de San Andrés.

ZANABRIA, E.; BANEGAS, M. **Entomología economica sostenible**. Puno, Perú: Universidad Nacional del Altiplano del Perú, 1997. 201p.

4

Doenças de quinoa

Pedro Javier Mansilla Córdova[1]

Introdução

Todo organismo, em seu ambiente natural, interage com outros organismos e está exposto a múltiplos fatores, incluindo outros seres vivos – ou não considerados como tais –, com os quais pode existir uma relação de mutualismo, de antagonismo ou de indiferença. Quando uma espécie de planta é cultivada, a presença de doenças é inevitável e a sua intensidade depende de vários fatores, entre eles, o meio ambiente, a planta e o agente patogênico, os quais constituem o triângulo da doença. Pode ser incluída nele a intervenção humana, que determina o sistema de cultura.

1. Escola Superior de Agricultura "Luiz de Queiroz" da Universidade de São Paulo – Esalq/USP. Departamento de Fitopatologia e Nematologia – Laboratório de Virologia Vegetal. Av. Pádua Dias, 11. Caixa Postal 9. Cep 13418-900, Piracicaba, SP, Brasil. pejamaco@hotmail.com

A quinoa é uma espécie muito antiga, e só recentemente começou a crescer o interesse pela sua produção em diferentes regiões do mundo, tendo sido reconhecida a qualidade e a quantidade de seus nutrientes e a rusticidade da planta.

A fitopatologia é uma ciência aplicada, com origem na botânica do início do século passado, que lida com o estudo de doenças de plantas, com o apoio de muitos outros ramos da ciência. Entre as subáreas da fitopatologia, temos a etiologia ou causa das doenças, a epidemiologia e o controle.

Ao longo de sua história, o ser humano sempre tem buscado soluções para controlar de modo permanente as doenças e os microrganismos que as causam, os quais, como todos os seres vivos, têm a característica inerente da variabilidade, que fazem que supere a ação humana. As táticas utilizadas para controlar as doenças podem ser classificadas em genéticas, biológicas, físicas, químicas e culturais.

Danielsen et al. (2003) fizeram uma comparação entre o número de estudos sobre o míldio realizados entre 1973 e 2000 em beterraba, espinafre e quinoa, usando o banco de dados do CAB International (Centre for Agricultural Bioscience International). Encontraram 106, 109 e 4 estudos sobre as espécies mencionadas, respectivamente, o que evidencia a escassez de estudos sobre a quinoa.

Até agora, pouco se sabe sobre as doenças que afetam a quinoa, em particular sobre aquelas que têm sido relatadas de modo esporádico e que, no entanto, têm grande potencial destrutivo, sobretudo na época atual, em que a espécie está sendo introduzida em outras regiões. Essas doenças são a murcha fúngica e a bacteriana, provocadas por *Rhizoctonia* sp. e *Fusarium* sp., respectivamente, no Peru (Barboza et al., 2000), a decadência e podridão das sementes causada por *Sclerotium rolfsii* nos Estados Unidos (Beckman & Finch, 1980); o decaimento, provocado por *Pythium zingiberum* no Japão (Ikeda & Ichitani, 1985); a mancha das folhas, causada por *Ascochyta hyalospora* (Boerema et al., 1977); e a podridão marrom da haste, provocada por *Phoma exigua* var. *foveata* nos Andes (Otazu & Salas, 1977) (Tabela 1).

Míldio causado por *Peronospora farinosa* (Fr.) Fr. (sin. *P. effusa*)

Essa doença é considerada endêmica nos Andes. É encontrada desde a Colômbia, no norte, até o Chile, no sul, passando pelo Equador, Peru e Bolívia (Danielsen & Munk, 2004). Também tem sido detectada no Cana-

Tabela 1. Algumas doenças comuns da quinoa e os agentes que as causam (Adaptado de Bhargava et al., 2006, e Tapia, 1997).

Doenças	Tipo de organismo	Agente causal	Referências
Murcha	Fungo	*Sclerotium rolfsii*	Danielsen et al. (2003)
Podridão marrom do caule	Fungo	*Phoma exigua* var. *foveata*	Alandia et al. (1979) Danielson et al. (2003)
Míldio	Fungo	*Peronospora farinosa*	Danielsen et al. (2001) Danielsen & Munk (2004)
Mancha ojival	Fungo	*Phoma cava*	Alandia et al. (1979)
Mofo cinzento	Fungo	*Botrytis cinerea*	Johanson (1983)
Mancha das folhas	Fungo	*Ascochyta hyalospora*	Danielsen et al. (2003)
Mancha bacteriana	Bactéria	*Pseudomonas* sp.	Alandia et al. (1979)
Mosaico clorótico	Vírus	*Chenopodium mosaic virus*	Alandia et al. (1979) Tomlinson et al. (1981)
Nódulo falso	Nematoide	*Nacobbus* spp., *Theca vermiculatus* ssp.	Alandia et al. (1979) Franco (2003)

dá (Tewari & Boyetchko, 1990) e na Europa (Danielsen et al., 2002). Ela reduz a área foliar fotossintética da planta, devido a manchas necróticas e cloróticas nas folhas e à queda prematura delas.

Taxonomia

A primeira descrição de uma doença em quinoa foi feita no Peru por García Rada, em 1947 (citado por Tapia, 1997), que identificou o agente causal do míldio. Ele foi identificado como *Peronospora farinosa* f. sp. *chenopodii* (Fr.) Fr., microrganismo que poderia ser confundido, por um neófito, com um fungo. Devido à composição da parede da célula, à sequência de DNA, entre outras características, esses organismos são mais próximos das algas do que dos fungos verdadeiros, com os quais foram confundidos até poucos anos atrás. No entanto, apesar desse conhecimento, ainda não se chegou a um acordo sobre a taxonomia e ele continua fazendo parte do reino Chromista ou Stramenopila, agrupado na família Peronosporaceae, ordem Peronosporales, cujos membros são parasitas obrigatórios altamente especializados (biotróficos) (Danielsen & Ames, 2004).

Esse oomiceto tem uma gama limitada de hospedeiros. *P. farinosa* afeta os membros da família Chenopodiaceae, que inclui a beterraba, o espinafre e a quinoa, e foi encontrado em todos os continentes. Byford (1967) propôs uma subdivisão desse organismo, com base na constatação de que os isolados obtidos a partir de *Beta vulgaris*, *Ch. album* e *Spinacia oleracea* foram espécie-específicos e não infectaram a espécie da qual foram isolados. Assim, existem as formas especiais *betae*, *spinaciae* e *chenopodii*. No entanto, o autor constatou que não houve infecção de *Ch. amaranticolor*, *Ch. capitatum* e *Ch. ambrosioides* com o isolado de *Ch. album*. Aragão e Gutierrez (1992) não encontraram infecção cruzada entre os isolados de *Ch. murale*, *Ch. album* e *Ch. ambrosioides*, o que indica que existe uma especialização profunda desse patógeno em nível de patótipos, assim como diferentes fontes de resistência. Dentro da família Peronosporaceae é comum esse alto grau de especialização fisiológica (Danielsen et al., 2003).

Biologia da infecção

A presença de elevada umidade relativa, superior a 85%, é necessária para os conídios germinarem. Quando a cutícula é penetrada pelo tubo germinativo, este ramifica como micélio entre as células e invade as folhas e os caules. Haustórios formados nas hifas penetram as células da planta e, em seguida, aparecem esporangióforos, individualmente ou em grupos, através dos estômatos, contendo esporângios em forma de limão. As hifas são cenocíticas (sem septos) e multinucleadas (Danielsen & Ames, 2004; Danielsen et al., 2003).

As condições de temperatura adequadas para a esporulação são de 10 a 20°C. As espécies do gênero Peronospora não formam zoósporos. Os esporos assexuais, também conhecidos como conídios, são dispersos pelo vento e pela chuva, considerados os agentes mais importantes de disseminação (Danielsen et al., 2003).

Reprodução sexual

A maior parte do ciclo de vida de *P. farinosa* consiste em uma fase diploide e em uma pequena fase haploide, na qual ocorre a cariogamia e a meiose (Alexopoulos et al., 1996) (Gráfico 1). Danielsen (2001) investigou a possível existência de formas sexuais usando sete isolados de *P. farinosa* f. sp. *chenopodii* coletados no Peru e um na Bolívia, entre 1999 e

2000. Realizando todos os cruzamentos possíveis, descobriu que existem pelo menos dois tipos, que foram chamados de P_1 e P_2. Curiosamente, dois dos isolados pertencentes aos dois tipos encontrados não produziram oósporos.

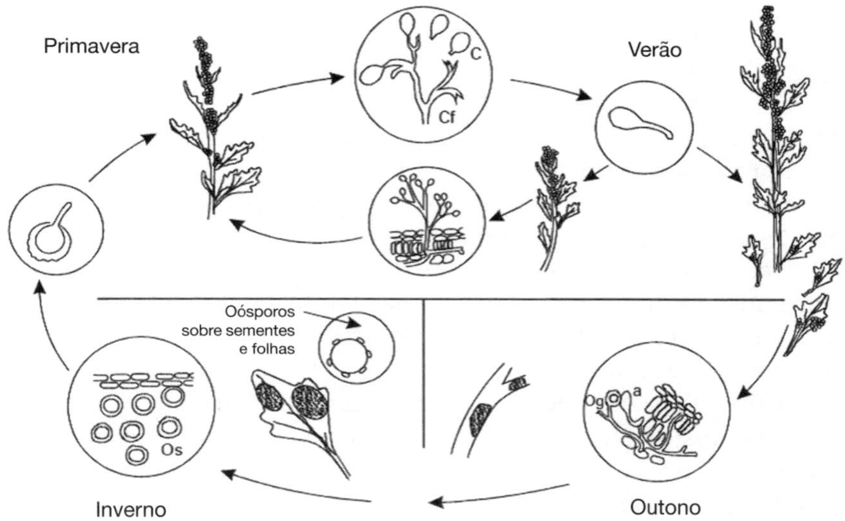

Gráfico 1. Ciclo de vida de *Peronospora farinosa*. **Cf:** conidióforo; **c:** conídios; **a:** anterídio; **Og:** oogônio; **Os:** oósporo (Alandia et al., 1979).

Na costa do Peru, não foram encontrados oósporos infectando as folhas de quinoa de forma natural. Presume-se que no país exista apenas um dos dois tipos relatados por Danielsen et al. (2000).

O papel dos oósporos sobreviventes na semente ou no solo para a epidemiologia da doença ainda não é bem conhecido. Considerando as condições bastante adversas nas terras altas dos Andes, com períodos de seca e de temperaturas extremas, pode-se supor que essas estruturas desempenham um papel crucial na sobrevivência do patógeno, representando a fonte de inóculo primário de infecção. Alandia et al. (1979) relataram a presença de oósporos no tegumento das sementes de quinoa; no CIP, observou-se entre 3 e 6% de esporulação nos cotilédones de plantas de duas a três semanas de idade, pertencentes a seis variedades provindas de Cusco e Puno, Peru. Esse aspecto merece ser considerado com relação à comercialização e certificação de sementes (Danielsen et al., 2003).

Os autores citam três aspectos-chave que permitem inferir a alta diversidade desse patógeno. Em primeiro lugar, o anfitrião tem alto grau de diversidade genética e plasticidade. Além disso, o míldio é encontrado em diferentes regiões geográficas e climáticas, o que mostra sua grande capacidade de adaptação. Em terceiro lugar, a reprodução sexual desse microrganismo é comum, o que pode prolongar a sua diversidade genética e gerar novos e mais agressivas patótipos (Danielsen et al., 2003).

Sintomas

Na quinoa, os sintomas variam, dependendo do cultivar, da fase de crescimento e das condições ambientais (Figuras 1, 2). Costumam iniciar com lesões pálidas ou cloróticas na superfície das folhas, juntamente com áreas de esporulação de cor cinzenta arroxeada na face inferior delas. Posteriormente, podem necrosar e reduzir a área fotossintética. Dependendo do genótipo, as lesões na planta podem ser pequenas ou grandes e numerosas, difusas e irregulares. Em alguns casos, elas tornam-se púrpura ou avermelhadas. Reações de hipersensibilidade também foram observadas, com pequenas manchas necróticas. Também tem sido observada a desfolha completa das plantas. No entanto, é difícil estimar quanto está relacionado à doença, porque outros fatores, como a seca, a salinidade ou o frio, que causam estresse fisiológico, ao qual estão expostas as plantas nos Andes, também causam desfolha. Infecções sistêmicas,

Figura 1. Folha com míldio causado por *Peronospora farinosa.* Foto: Elva Campos.

Figura 2. Mofo causado por *Peronospora farinosa* em plantio de quinoa. Foto: Elva Campos.

provavelmente causadas por oósporos na semente, podem provocar nanismo e amarelecimento (Danielsen et al., 2003).

Quantificação de danos e prejuízos

O míldio é a doença mais grave da quinoa (Figura 3). Já foram relatados danos de 33 a 58% na produção, mesmo nos cultivares mais resistentes (Danielsen et al., 2000). Entende-se o dano, aqui, como qualquer redução na quantidade e/ou qualidade da produção (Amorim et al., 2011). Além disso, Danielsen e Munk (2004) relataram danos de 33 a 99%, sob alta pressão da doença, em Huancayo, Peru, enquanto na cidade de Lima foram de 6 a 29%. A desfolha completa por *Peronospora* pode acontecer nos cultivares mais suscetíveis.

A escolha de um método de estimativa de danos e/ou prejuízos decorrentes da doença é de suma importância para o estudo da sua epidemiologia, para a determinação das perdas na produção, da patogenicidade e virulência e para a avaliação da resistência ou suscetibilidade das variedades (Danielsen et al., 2003).

Para superar as desvantagens dos diferentes métodos para estimar a gravidade da doença, Danielsen et al. (2003) propuseram a quantificação da área foliar sadia, a medição da percentagem de refletância no comprimento de onda de 800 nm ou em dois comprimentos de onda diferentes. No último caso, é possível calcular o índice relativo de vegetação (VRI), altamente correlacionado com a biomassa e a produção final de semen-

Figura 3. Míldio causado por *Peronospora farinosa* em planta de quinoa. Foto: Elva Campos.

tes e que, portanto, pode indicar qualquer diferença na cobertura foliar, devido aos diferentes níveis de míldio dentro de um cultivar. A medida da refletividade, portanto, é um parâmetro interessante sempre que um controle negativo encontra-se disponível.

De acordo com Danielsen e Munk (2004), o modelo de três folhas (que consiste na média da severidade de uma folha do terço superior, do terço médio e do terço inferior de plantas selecionadas aleatoriamente) é o melhor método para avaliar a severidade da doença, em comparação com outros seis métodos por eles estudados. Os autores determinaram que o método de coleta de três folhas foi mais bem correlacionado com a área sob a curva de progressão da doença (ASCPD) e a produção, além de ser rápido, barato, fácil e reprodutível, para determinar a severidade. Além disso, a área sob a curva de refletividade (ASCR), com a qual os dados sobre desfolhamento são obtidos de modo bastante preciso, tem elevada correlação com a ASCPD, calculada com o uso do método das três folhas, e com a produção. No entanto, segundo Kumar et al. (dados não publicados, citados por Bhargava et al., 2006), o método de avaliação em dois pontos (*two-point assessment method*) foi o de melhor ajuste nas condições da Índia.

Sob baixa pressão da doença, essas escalas não funcionam bem, sendo preferível usar escalas percentuais (Danielsen & Munk, 2004). A infecção na planta produz um gradiente que é mais intenso no terço inferior e diminui em direção ao terço superior. É provável que isso ocorra porque as folhas do terço inferior, mais velhas, ficam expostas por mais tempo ao inóculo. Outra explicação poderia ser a menor suscetibilidade da planta com o decorrer do tempo, fenômeno comum em diferentes organismos (Danielsen & Munk, 2004).

Um aspecto que deve ser abordado com cautela é a relação entre as perdas e a estimativa da ABCPE. As variedades tardias apresentam baixa ABCPE, o que indica altos níveis de tolerância. No entanto, as perdas podem ser 33 a 58% maiores do que o esperado. Isso pode ser devido ao desfolhamento ou ao maior crescimento das folhas em relação às lesões, levando à falsa impressão de que a severidade permanece constante. Uma das desvantagens da ABCPE é que não considera a desfolha nem discrimina as infecções precoces das variedades tardias (Danielsen & Munk, 2004).

Controle de míldio

Comumente, o míldio é controlado com produtos químicos que contêm ingredientes ativos como o metalaxil. Eles produzem efeitos secundários adversos, sobretudo quando usados de forma inadequada, como danos para o ambiente e os seres humanos, e incitam o desenvolvimento da resistência no agente patogênico, como já relatado para *Peronospora parasitica* e *Phytophthora infestans*. Além disso, a maioria dos produtores de quinoa são economicamente desfavorecidos. É possível que os incentivos para a produção orgânica e o investimento na geração de tecnologia permitam controlar a doença de forma mais eficiente, com o uso da resistência genética e de práticas culturais eficientes (Danielsen et al., 2003; Danielsen & Ames, 2004).

Práticas culturais

Experiências na Bolívia demonstraram que as práticas que reduzem a umidade relativa no microclima da quinoa podem interferir na doença. Essas práticas são baseadas em espaçamento adequado entre plantas e linhas, orientação do campo contra os ventos dominantes, além de evitar o excesso de água no campo. Isso deve ser feito de forma integrada com outras medidas para o controle da doença (Danielsen et al., 2003).

Resistência do hospedeiro

De acordo com Danielsen et al. (2003), ainda não existem variedades melhoradas para resistência ao míldio, embora as diferenças na suscetibilidade sejam claras e venham sendo observadas pelos próprios produtores há muito tempo. Os mecanismos genéticos da resistência em quinoa ainda não foram investigados.

O melhoramento tem sido direcionado principalmente para a obtenção de variedades mais produtivas e, portanto, com maior inflorescência, diâmetro do caule e nível mais baixo ou ausência de saponinas, bem como de grãos grandes e de alta homogeneidade. Portanto, os híbridos e as variedades de quinoa estão sendo desenvolvidos e avaliados em ambientes com diferentes altitudes, temperaturas e regimes de água, como em Planaltina, Brasil, onde Spehar e Santos (2005) avaliaram o desempenho e as características morfológicas e fisiológicas de 26 híbridos provindos de oito linhagens. Desde os anos 1990 foi confirmado o potencial de cultivo comercial dessa espécie no país.

Apesar das dificuldades em fazer o melhoramento genético com uma abordagem interdisciplinar em *Ch. quinoa*, que é uma cultura pouco estudada, existem atualmente alguns programas de melhoramento na Bolívia e no Peru cujos objetivos centram-se na produção, na resistência a doenças (Ochoa et al., 1999), na tolerância à seca, no teor de saponina e no desenvolvimento de marcadores moleculares para trabalhar com germoplasma e facilitar o melhoramento tradicional (Maughan et al., 2004).

Acredita-se que a suscetibilidade ao míldio está relacionada ao período pelo qual se estende a estação de crescimento. Os cultivares precoces são mais suscetíveis (Bonifacio & Saravia, 1999).

Como esperado, em termos evolutivos, os genótipos de quinoa domesticados em regiões secas, onde a incidência do míldio é baixa, não possuem a mesma resistência encontrada nos genótipos dos vales e terras baixas da Bolívia, do Peru e do Equador, onde a prevalência é alta. Isso pode acontecer porque os genes de resistência foram simplesmente perdidos ou representam uma desvantagem em áreas onde a doença não é endêmica (Danielsen et al., 2003).

Há indícios de que as espécies selvagens *Ch. hircinum*, *Ch. nuttalliae*, *Ch. petiolare*, *Ch. album* e *Ch. ambrosioides* possuem genes de resistência ao míldio. Atualmente, a maior parte da diversidade genética encontra-

-se em coleções de germoplasma na Bolívia, no Peru e no Equador, com cerca de cinco mil acessos (Danielsen et al., 2003).

Identificar e caracterizar os acessos para a resistência requer condições controladas. Ochoa et al. (1999) desenvolveram um método pelo qual as plantas com 18 dias de idade são inoculadas com uma suspensão de 10^5 esporos por ml e depois incubadas durante sete dias, sob condições controladas de temperatura e luz. A resposta à doença é quantificada com uma escala de 0 a 5.

Maughan et al. (2004) realizaram um mapeamento genético em quatro linhas de quinoa como base para futuros estudos genéticos e agronômicos sobre características importantes, tais como o conteúdo de saponina, o rendimento dos grãos, a resistência a doenças, ao frio e à seca, entre outras.

Doenças de menor importância

MANCHAS FOLIARES

A mancha da quinoa é causada pelo fungo *Ascochyta hyalospora* (Cooke & Ellis), que infecta a semente. Os sintomas típicos são pontos claros e circulares de 0,5 a 1 cm e bordas castanho-claras. Essas manchas podem tornar-se necróticas, mostrando picnídio preto que pode ser visto a olho nu. Se a infecção é grave, pode ocorrer perda de folhas (Danielsen et al., 2003).

Na Bolívia, ocorreram níveis de infecção de 7,8 a 26,3%, mas atualmente a doença não é considerada importante (Danielsen et al., 2003).

PODRIDÃO MARROM DO COLMO

A doença é causada por *Phoma exigua* var. *foveata* (Foister) Boerema. Foi observada pela primeira vez em Puno, entre 1974 e 1975. Os sintomas começam com manchas pequenas e de aparência úmida no terço superior da haste. Essas lesões aumentam em tamanho, até cobrir a maior parte do tronco e das inflorescências, quando podem ser vistas manchas escuras na superfície, correspondentes aos picnídios do fungo. As folhas ficam cloróticas e o caule perde resistência, ocorrendo a queda das plantas (Danielsen et al., 2003).

P. exigua é um patógeno de solo que cresce bem em áreas com baixas temperaturas e condições de alta umidade, prevalecentes nos Andes. Aparentemente, os danos mecânicos provocados pela queda de granizo facilitam a infecção (Danielsen et al., 2003).

Embora essa doença não represente uma ameaça para a produção, por ser esporádica, o plantio alternado da quinoa com batata pode causar problemas, pois verificou-se que a segunda espécie também é hospedeira de *P. exigua* (Danielsen et al., 2003).

MORTE SÚBITA CAUSADA POR *Rhizoctonia* E MURCHA DE *Fusarium*

Os dois patógenos foram isolados em 1998, mas não há maiores informações sobre eles. Por serem habitantes do solo e afetarem ampla gama de hospedeiros, o seu potencial para causar doenças é elevado (Danielsen et al., 2003).

PODRIDÃO DA RAIZ E *DAMPING-OFF*

Relatada pela primeira vez na Califórnia, em 1980, a podridão é causada por *Sclerotium rolfsii* Sacc. Provoca danos antes e depois da emergência da planta, anelamento do caule e colapso (Danielsen et al., 2003).

Outro patógeno que causa a mesma doença é *Pythium zingiberum,* que ataca principalmente os rizomas de gengibre (Ichitani & Ikeda, 1985).

Essas doenças causadas por *Sclerotium* e *Pythium* ainda não foram relatados na América do Sul, mas esses e outros microrganismos podem ser um problema no futuro, devido à produção dessa espécie, de grandes qualidades nutricionais, em outras partes do mundo (Danielsen et al., 2003).

OLPIDIUM

A maioria das espécies de plantas terrestres são hospedeiras de simbiontes em suas raízes. No entanto, a família *Chenopodiaceae*, à qual a quinoa pertence, é formada principalmente de espécies não micorrízicas. Urcelay et al. (2011) encontraram pouca ou nenhuma colonização radicular por fungos micorrízicos em *Ch. quinoa* produzida a 3.700 m do nível do mar. Os autores sugerem que mais estudos sejam feitos sobre o papel de *Olpidium* sp. (Chytridiomycota) que, apesar de não ser um patógeno radicular agressivo, é responsável pela transmissão de vários vírus, e o aumento das áreas de cultivo poderia se tornar um grande problema.

Usos da quinoa dentro da fitopatologia

Como um organismo modelo, e para o estudo da etiologia das doenças, os virologistas em geral preferem trabalhar com plantas de fumo, porque elas facilitam a purificação e infecção, e os sintomas produzidos são espécie-específicas. No entanto, as plantas de quinoa oferecem várias vantagens para a sua utilização no estudo de vírus de plantas. Por exemplo, diversas variedades de quinoa são bastante utilizadas como plantas indicadoras e são hospedeiras de diferentes vírus de plantas, produzindo lesões locais como sintomas. Podem ser citado os estudos de Kim et al. (2012), em que os autores demonstraram que duas espécies de vírus pertencentes à família *Tombusviridae* possuem, além da proteína capsidial, a proteína p19, que desempenha papel crítico na infecção sistêmica. Anteriormente, eles haviam verificado que isolados virais TBSV-S e GALV-N induziam diferentes sintomas em plantas de quinoa, sistêmicas quando inoculados de forma mecânica, no primeiro caso, e locais com o segundo vírus.

Outro exemplo de aplicação prática da quinoa é em quarentena da entrada de material reprodutivo e de propagação em um país. Por exemplo, Verhoeven e Roenhorst (2003) constataram que *Nicotiana occidentalis, N. hesperis, Ch. quinoa* e *Ch. amaranticolor* são plantas indicadoras eficientes para a detecção de cerca de trinta vírus conhecidos e suas variantes sorológicas, que poderiam entrar através do material propagativo ou reprodutivo de batatas importadas dos Estados Unidos.

A casca exterior da quinoa representa entre 8 e 12% do peso do grão, e o alto teor de saponinas triterpenoides faz dela um resíduo sem valor comercial para a indústria e constitui uma característica indesejável, a ser reduzida nos cultivares através do melhoramento. No entanto, essa alta quantidade de saponinas pode ter uma utilidade no controle de doenças, como aquela causada por *Botrytis cinerea*, como demonstrado em estudo realizado por Stuardo e San Martin (2008), com reduções de 20 a 30% de severidade. Esses autores verificaram que as saponinas – 33% (peso/peso) de uma variedade amarga – tratadas com substâncias alcalinas possuem atividade fungicida considerável. Isto ocorre provavelmente devido à formação de derivados de saponina mais hidrofóbicos e à elevada afinidade com os esterois presentes nas membranas celulares desse fungo causador de podridão em várias frutas. O controle convencional baseado em benzimidazois e dicarboximidas é problemático, devido ao desenvolvimento de resistência.

Referências bibliográficas

AMORIM, L.; BERGAMIN, A. Fenología, patometría e quantificação de danos. In: AMORIM, L.; REZENDE, J. A. M.; BERGAMIN, A. (Eds.). **Manual de fitopatologia.** 4. ed. Piracicaba: Ceres, 2011, p. 704.

BHARGAVA, A.; SHUKLA, S.; OHRI, D. *Chenopodium quinoa* – An indian perspective. **Industrial Crops and Products**, v. 23, p. 73-87, 2006.

BONIFACIO, A.; SARAVIA, R. Evaluación de la resistencia al mildiu en quinoa. In: **Tercer taller de preduza en resistencia duradera en cultivos altos en la Zona Andina, Cochabamba, Bolivia,** 1999, p. 49-59.

DANIELSEN, S. Heterothallism in *Peronosporafarinose* f. sp. *chenopodii*, the causal agent of downy mildew of quinoa (*Chenopodium quinoa*). Short Note. **Journal of Basic Microbiology**, v. 41, n. 5, p. 305-8, 2001.

DANIELSEN, S.; AMES, T. **Mildew (*Peronospora farinosa*) of quinoa (*Chenopodium quinoa*) in the andean region:** practical manual for the study of the disease and the pathogen. International Potato Center, 2000; Utah, EUA: Benson Agriculture and Food Institute, 2004. 31p.

DANIELSEN, S.; MUNK, L. Evaluation of disease assessment methods in quinoa for their ability to predict yield loss caused by downy mildew. **Crop Protection**, v. 23, p. 219-28, 2004.

DANIELSEN, S.; BONIFACIO, A.; AMES, T. Diseases of quinoa (*Chenopodium quinoa*). **Food Review International**, v. 19, n. 1-2, p. 43-59, 2003.

DANIELSEN, S. et al. Impact of downy mildew on the yield of quinoa. In: **CIP Program Report 1999-2000.** Lima, Perú: International Potato Center, 2001, p. 397-401.

DANIELSEN, S. et al. Correlación entre métodos de evaluación y pérdida de rendimiento en el patosistema quinua-mildiu. **Fitopatología**, v. 35, n. 4, p. 242-8, 2000.

KIM, S. et al. The p19 protein of Grapevine Algerian latent virus is a determinant of systemic infection of *Chenopodium quinoa*. **Virus Research,** v. 165, p. 81-9, 2012.

MAUGHAN, P. J. et al. A genetic linkage map of quinoa (*Chenopodium quinoa*) based on AFLP, RAPD, and SSR markers. **Theoretical and Applied Genetics**, v. 109, p. 1.188-95, 2004.

OCHOA, J.; FRINKING, H. D.; JACOBS, T. H. Postulation of virulence groups and resistance factors in the quinoa/downy mildew pathosystem using material from Ecuador. **Plant Pathology**, v. 48, p. 425-30, 1999.

SPEHAR, C. R.; SANTOS, R. L. B. Agronomic performance of quinoa from Brazilian Savannah. **Pesquisa Agropecuária Brasileira**, Brasília, v. 40, n. 6, p. 609-12, 2005.

STUARDO, M.; SAN MARTÍN, R. Antifungal properties of quinoa (*Chenopodium quinoa* Willd.) alkali treated saponins against *Botrytis cinerea*. **Industrial Crops and Products**, v. 27, p. 296-302, 2008.

TAPIA, M. E. Agronomía de los cultivos andinos. In: **Cultivos andinos sub-explotados y su aporte a la alimentación**. 2. ed. Organización de las Naciones Unidas para la Agricultura y la Alimentación, 1997.

URCELAY, C.; ACHO, J.; JOFFRE, R. Fungal root symbionts and their relationship with fine root proportion in native plants from the Bolivian Andean highlands above 3,700 m elevation. **Mycorrhiza**, v. 21, p. 323-30, 2011.

VERHOEVEN, J. T. J.; ROENHORST, J. W. Detection of a broad range of potato viruses in a single assay by mechanical inoculation of herbaceous test plants. **Bulletin OEPP/EPPO**, v. 33, p. 305-11, 2003.

5

Propriedades nutricionais e químicas de quinoa

Cynthia M. Moncada Valerio[1]
Eleonora Zambrano Blanco[2]

Introdução

A quinoa (*Chenopodium quinoa* Willd.) é uma planta nativa da região andina que apresenta grande valor nutricional, corretivo e terapêutico. Reconhecida através de uma experiência milenar (Romo et al., 2011), ela fez parte da dieta dos antigos povos indigenas da América do Sul, tais como os incas. Além disso, passou a substituir as proteínas animais (FAO, 2011), viabilizando dessa maneira o aproveitamento tanto do seu valor nutricional como do seu balanço. A quinoa se destaca pela sua riqueza em minerais, vitaminas e óleos que possuem

1. Facultad de Ciencias Farmacéuticas, Bioquímicas y Biotecnológicas de la Universidad Católica de Santa Maria, Urb. San José s/n, Umacollo, Arequipa, Perú. cynthia.moncada24@gmail.com
2. Escola Superior de Agricultura "Luiz de Queiroz" da Universidade de São Paulo – Esalq/USP. Av. Pádua Dias, 11. Caixa Postal 9. Cep 13418-900, Piracicaba, SP, Brasil.

grandes quantidades de linolato, linolenato e antioxidantes naturais (Valencia-Chamorro, 2003).

Atualmente, embora seja uma espécie pouco valorizada em termos de consumo, para as comunidades agrícolas familiares a quinoa representa uma alternativa viável, pelo seu valor como alimento. Seu verdadeiro valor reside na qualidade das proteínas, isto é, na combinação dos diferentes aminoácidos essenciais para a alimentação humana (Mujica & Jacobsen, 2006; Arturo et al., 1985).

Propriedades químicas, nutricionais e físicas

O processo de valorização apropriada dos alimentos, a fim de destacar o seu potencial e a sua importância, implica o conhecimento da sua natureza química, das transformações que sofrem e dos efeitos que produzem no consumidor. Desse modo, pode-se estabelecer o valor quantitativo e o qualitativo. Na prática bromatológica, utilizam-se análises químicas, porém os resultados químicos não expressam, de fato, a dinâmica das interações. Seria necessário adicionar os distintos fatores envolvidos com a idade de maturidade da planta, as diferenças vegetais, a localização do cultivo e o nível de fertilidade dos campos. Esses seriam os principais fatores de modificação de tais resultados.

Nas últimas décadas, a quinoa tem sido referenciada como um alimento com características nutricionais excelentes pelo Conselho Nacional de Investigação e pela Administração Nacional do Espacio e Aeronáutica (Nasa – National Aeronautics and Space Administration). Além disso, tem sido considerada um produto alimentício novo no mundo, com vantagens nutricionais em relação a outros cereais e pseudocereais. Os grãos da quinoa contêm diferentes tipos de nutrientes, como carboidratos e proteínas, um espectro equilibrado de aminoácidos de alto nível e de lipídeos e alta fibra dietética (Repo-Carrasco-Valencia et al., 2011). Os grãos também são ricos em minerais como K, Ca, Mg, P e Fe, em níveis mais altos, em comparação com outros cereais convencionais.

A Tabela 1 apresenta a composição química da quinoa e de outros cereais (cevada, milho, arroz, trigo, aveia) e legumes (soja). Pode-se observar que a quinoa possui valores superiores de gorduras, proteínas, cinzas e fibra. O conteúdo de gorduras ou lipídeos é de 4 a 9%, sendo que a metade contém ácido linoleico, essencial na dieta de crianças e adultos.

O conteúdo de fibra (3,8%) é semelhante ao da cevada (4,4%) e maior do que o do trigo (2,8%). Isso poderia ser um sinal de que a quinoa possui propriedades digestivas que auxiliam no aumento do volume do conteúdo intestinal, beneficiando pessoas com doenças do cólon (Repo-Carrasco--Valencia et al., 2011).

Por outro lado, a quinoa tem 16,5% de proteína, valor maior do que o de legumes e cereais como a cevada, o milho, o arroz, o trigo e a aveia, os quais, consumidos regularmente na dieta, fornecem grande aporte de energía (Tabela 1). As proteínas da quinoa têm alto teor de aminoácidos, como lisina, metionina e cistina (Ranhotra et al., 1993).

Tabela 1. Composição química da quinoa e de alguns cereais e legumes (g/100 g de massa seca).

	Quinoa	Cevada	Milho	Arroz	Trigo	Aveia	Soja
Proteínas	16,5	10,8	10,22	7,6	14,3	11,6	36,1
Gorduras	6,3	1,9	4,7	2,2	3,3	5,2	18,9
Fibras	3,8	4.4	2,3	6,4	2,8	10,4	5,6
Cinzas	3,8	2,2	11,7	3,4	2,2	2,9	5,3
Carboidratos	69,0	80,7	81,1	80,4	78,4	69,8	34,1
Kcal/100 g	399,0	383,0	408,0	372,0	392,0	372,0	451,0

Fonte: Valencia-Chamorro, 2003.

Proteínas

As proteínas são macromoléculas compostas, formadas por cadeias de aminoácidos unidas por ligações de peptídeos. Na quinoa, proteínas como a albumina e a globulina, entre outras, têm sido caracterizadas por eletroforese (Bhargava et al., 2005). Armazenadas nos grãos, são fonte de nutrientes para os seres humanos (Corrai et al., 2007; Brinegar & Goudan, 1993). Outras proteínas específicas dos grãos têm sido isoladas e caracterizadas, como a proteína 11S, também chamada chenopodina. A globulina 11S é uma proteína hexamérica que contém seis pares de subunidades ácidas e básicas, cada par com uma subunidade unida por uma ligação dissulfeto. A chenopodina é uma das frações armazenadas mais importantes (37% da proteína total).

A globulina, proteína oligomérica com estrutura quaternária purificada por filtração em gel (320 kDa) e, especificamente, a globulina da quinoa, é composta por monômeros ou subunidades que consistem de um polipeptídeo básico e de um ácido, com massa molecular de 20-25 e

30-40 kDa, respectivamente, e com ligações dissulfeto. Brady et al. (2007) determinaram a composição dos aminoácidos, polipeptídeos A e B, em comparação com a composição da chenopodina nativa. A chenopodina tem alto conteúdo de glutamina, ácido glutâmico, asparagina, ácido aspártico, arginina, serina, leucina e glicina. De acordo com a FAO (2011), ela atende as necessidades de leucina, isoleucina, fenilalanina e tirosina, metade dos aminoácidos essenciais para o organismo.

Outra proteína importante é a 2S (35% da proteína total), conhecida também como albumina, com massa molecular de 8-9 kDa. Segundo Brinegar et al. (1996), a proteína purificada 2S é uma coleção heterogênea de polipeptídeos com massa molecular de 8-9 kDa em condições redutoras. A composição de aminoácidos dessa proteína revelou um alto conteúdo em cisteína, arginina e histidina. A composição de aminoácidos vem sendo estudada (Ranhotra et al., 1993; Repo-Carrasco et al., 2003; Wright et al., 2002). Os aminoácidos que a quinoa possui, em comparação com outros alimentos recomendados pela FAO (2011), são apresentados na Tabela 2.

Ganha destaque o nível de histidina, isoleucina e metionina que a quinoa possui, atendendo aos requisitos recomendados pela FAO. Entretanto, ela contém seis aminoácidos essenciais para o crescimento e o desenvolvimento do ser humano, os quais devem ser consumidos diretamente, uma vez que não podem ser sintetizados a partir de outros aminoácidos. Esse balanço ideal de aminoácidos torna a espécie um alimento natural excepcional e altamente proteico. Todavia, a quinoa possui lisina, um aminoácido em geral não encontrado no reino vegetal, responsável pela formação do cérebro nas primeiras etapas do desenvolvimento do ser humano (Millward, 1999).

Tabela 2. Aminoácidos essenciais da quinoa e outros alimentos (g/100 g de proteína).

	Quinoa	Milho	Arroz	Trigo	Leite	FAO
Histidina	3,2	2,6	2,1	2,0	2,7	2,6
Isoleucina	4,9	4,0	4,1	4,2	10,0	4,6
Leucina	6,6	12,5	8,2	6,8	6,5	9,3
Lisina	6,0	2,9	3,8	2,6	7,9	6,6
Metionina	5,3	4,0	3,6	3,7	2,5	4,2
Fenilalanina	6,9	8,6	10,5	8,2	1,4	7,2

Fonte: Repo-Carrasco-Valencia et al. (2011), FAO (2011).

Na Tabela 3 é apresentada a porcentagem de proteína em distintas variedades de quinoa.

Carboidratos

Os carboidratos desempenham uma função nutricional essencial e podem ter diferentes efeitos na saúde, tais como: fornecimento de energia; atuação sobre a gastrite; controle da glucose no sangue e no metabolismo da insulina; glicosilação de proteínas, colesterol e triglicerídeos. Podem ser classificados, de acordo com o grau de polimerização, em três grupos principais: açúcares (monossacarídeos, dissacarídeos, polióis), oligossacarídeos e polissacarídeos (com amido e sem amido) (FAO, 2011). Os carboidratos da quinoa podem ser considerados nutracêuticos, já que possuem efeitos benéficos hipoglucemiantes e induzem à diminuição dos ácidos graxos livres (Mensik et al., 2003). Estudos realizados em indiví-

Tabela 3. Porcentagem de proteína em diferentes variedades de quinoa en 100 g de parte comestível.

Variedade de quinoa	Percentagem de proteína
Quinoa branca (Junín)	12,2
Quinoa branca (Puno)	11,5
Quinoa Willd. cruda (Perú)	13,6
Quinoa doce branca (Puno)	11,1
Quinoa Willd. doce branca (Puno)	11,6
Quinoa Willd. doce rosa (Junín)	12,3
Quinoa rosa (Puno)	12,5
Quinoa doce (Quitopamba)	17,0
Quinoa amarga (Nariño)	16,9
Outras quinoas	13,7
Quinoa Pasankalla (Bolívia)	10,6
Quinoa comúm amarelha (Chile)	13,0
Quinoa (Equador)	14,2
Quinoa doce (Bolívia)	10,5
Quinoa real (Bolívia)	11,8
Quinoa coitu (Bolívia)	13,5
Quinoa pito (Bolívia)	12,3
Quinoa qaslala (Bolívia)	10,4
Quinoa (Colômbia)	16,4

Fonte: FAO (2011); Kumpun et al. (2011).

duos com doença celíaca mostraram que o índice glicêmico da quinoa foi ligeramente inferior ao do gluten presente em massas e pães (Del Castillo et al., 2009). O amido é o componente principal dos carboidratos da quinoa (32 a 69,2%) (FAO, 2011).

A digestibilidade *in vitro* (α-amilasa) do amido da quinoa foi reportada por Ruales e Nair (1994), com uma porcentagem de 22%. A conclusão foi que as saponinas não interferem na digestibilidade do amido.

Lipídeos e composição lipídica

A quinoa tem sido considerada uma alternativa oleaginosa, devido à sua fração lipídica. Além do alto conteúdo e da qualidade biológica de suas proteínas, ela tem uma composição lipídica interessante (1,8 a 9,5%), com um conteúdo de óleo (7% em massa seca) mais alto do que o milho (4,9% em massa seca) e inferior ao da soja (20,9% em massa seca) (Stikic et al., 2012).

De acordo com Jancurová et al. (2009), os lipídeos da quinoa contêm altas quantidades de lipídeos neutros em toda a semente. Os triglicerídeos correspondem à fração mais importante, representando mais de 50% dos lipídeos neutros. Os diglicerídeos estão presentes nas sementes e contribuem com 20% das frações lipídicas neutras.

A lisofosfatidiletanolamina e a fosfatidilcolina são os lipídeos mais abundantes (57%), do total de lipídeos polares. Alguns pesquisadores (Oshodi et al., 1999; Ranhotra et al., 1993; Ryan et al., 2007) têm caracterizado a composição dos ácidos gordos dos lipídeos da quinoa da seguinte maneira: saturado totalmente – 19-12,3%; ácido palmítico total – 25-28,7%; monoinsaturados – ácido oleico e total, 58,3%; ácido linoleico – aproximadamente 90%. Os ácidos graxos essenciais são metabolizados em cadeias compridas, de 20 e 22 átomos de carbono. Assim, o ácido linoleico é metabolizado para ácido araquidônico, ácido linolênico, ácido eicosa-pentaenoico (EPA) e ácido docosa-hexaenoico (DHA).

Tanto o EPA como o DHA desempenham funções importantes no metabolismo das prostaglandinas, além de possuírem propriedades imunológicas e anti-inflamatórias que ajudam no tratamento de doenças como a trombose e a arteriosclerose. Por outro lado, os ácidos linoleico e linolênico são substratos necessários no metabolismo dos animais (Mensik et al., 2003).

Capacidade antioxidante, compostos fenólicos e flavonoides

Segundo Hirose et al. (2010), os grãos da quinoa possuem grandes quantidades de glicosídeos, como a quercetina e o kaempferol. Foi observado que as atividades antioxidantes dos grãos da quinoa, em relação aos radicais DPPH, estão mais fortemente associadas ao teor de fenol. As quantidades de quercetina e kaempferol presentes na quinoa formam-se através da hidrólise ácida.

De acordo com diversos estudos sobre a relação entre a sua estrutura e a sua atividade captadora de radicais livres (Dorman et al., 2003; Arora et al., 1998), a quercetina é o antioxidante mais forte dentre os flavonoides. Estudos *in vitro* conduzidos por Holmman et al. (1997) e Moskaug et al. (2004) revelaram seus diversos efeitos biológicos, tais como a indução da apoptose, a modulação do ciclo celular, a inibição da proteína quinasa, entre outros.

Rapo-Carrasco-Valencia et al. (2010) encontraram um conteúdo de taninos de 0,051% em quinoa, valor comparável ao de amaranto (*Amaranthus* spp.). Nesse conteúdo foi identificado ácido ferúlico (251,5 mg/g), ácido p-cumárico (0,8 mg/g) e ácido cafeico (6,31 mg/g). A atividade antioxidante foi expressa como o total da captura de radicais com poder antioxidante e íons de ferro que visam reduzir o potencial antioxidante, o cobre (Cuprac) e o óxido nítrico (NO). O valor do poder antioxidante, para a quinoa, foi de 251 mLnM no extrato de acetona e 1,686 mLnM no extrato aquoso. Entretanto, o valor do poder antioxidante redutor do ferro (Frap) de 2,3 mm equivalente a Trolox e o valor Cuprac equivalente a Trolox de 5 mm e 32% para NO mostraram que a quinoa tem maior atividade antioxidante do que cereais como o arroz e o trigo.

Saponinas

As saponinas são um amplo grupo de glucosídeos presentes nas plantas, que contêm cadeias de açúcar e uma triterpenoide aglicona (sapogenina) em sua estrutura. De acordo com o número de cadeias de açúcares, elas se classificam como monodesmosídicas, didesmosídicas e tridesmosídicas. Já foram identificadas quatro estruturas principais de saponinas: ácido oleanólico, ácido fitolacagênico, ácido serjânico e hederagenina. Seu nome surgiu a partir da planta do gênero Saponaria, cuja raiz é utilizada como sabonete (Ridout et al., 1991) uma vez que é solúvel em água e forma espuma em soluções.

As saponinas são glucosídeos de esteroides ou de triterpenoides, estes últimos com frequência encontrados nos cultivos. Quando presentes em grandes quantidades, apresentam sabor amargo e são considerados tóxicos. Madl et al. (2006) isolaram vinte saponinas triterpenoides de diferentes partes da quinoa (flores, frutos, envoltura das sementes e sementes). Além disso, foi observado que o conteúdo de sapogenina nas sementes de genótipos doces variava de 0,02% a 0,04%, e nas sementes dos genótipos amargos, de 0,14% a 2,3%. Esses valores são maiores do que aqueles encontrados para soja e aveia, porém menores do que para ervilha e mandioca.

As saponinas estão presentes na planta da quinoa e sua função principal consiste na defesa da planta e na proteção dos grãos em relação ao ambiente externo (Kumpun et al., 2011). Essa função protetora reside no conteúdo de uma série de hormônios e metabólitos secundários (fitoecdisteroides) que protegem a planta contra insetos e nematoides.

Em outras pesquisas, Kuljanabhagavad et al. (2008) isolaram diferentes partes de quinoa (flores, frutas e grãos) e encontraram vinte saponinas triterpenoides (1-20), cujas estruturas foram elucidadas a partir da análise de dados químicos e espectroscópicos, como 1D-NMR e 2D-NMR. Dessa vez, quatro compostos foram identificados.

Estudos recentes sobre toxicidade indicaram a presença de saponinas monodesmosídicas e hemoliticamente ativas em camarões em salmoura e com um aldeído como grupo citotóxico (Stuardo et al., 2008). É possível que a hemólise possa ocorrer pela interação das saponinas com as membranas celulares, produzindo poros que conduzem à sua quebra.

As saponinas têm mostrado diversas propriedades farmacológicas, como: inseticidas, antibióticas, fungicidas, analgésicas, anti-inflamatórias, antioxidantes, antivirais, além de auxiliarem na absorção de vitaminas e minerais, no aumento da permeabilidade da mucosa intestinal e na redução da absorção de gordura (Price et al., 1987; Kensil, 1996). Contudo, as propriedades biológicas das saponinas da quinoa requerem mais estudos. Stuardo et al. (2008) encontraram saponinas de quinoa (glucosídeos do ácido oleanólico e hederagenina) mostrando atividade antifúngica contra *Candida albicans e Botrytis cinerea*, maior nesta última.

Por fim, as saponinas apresentam grande importância comercial e industrial, uma vez que são utilizadas como matéria-prima para a obtenção de produtos de limpeza, como sabonetes, detergentes, xampus etc. (Ridout et al.,1991).

Minerais e vitaminas

O cálcio é responsável por muitas funções estruturais dos tecidos do organismo, bem como pela regulação da transmissão neuromuscular de estímulos químicos e elétricos, pela secreção celular e pela coagulação do sangue. Por essa razão, ele é um componente essencial na alimentação. O aporte diário de cálcio recomendado é de 400 mg/dia para crianças de 6 a 12 meses e de 1.300 mg/dia para adultos (FAO, 2011; WHO, 2000).

Esse valor é atingido com um consumo médio, em alimentos, de 800 a 1000 mg/dia. A quinoa aporta de 114 a 228 mg/%.

Nas diferentes variedades de quinoa, a maior percentagem de cálcio está presente na variedade quinoa rosa de Puno, com 0,124%; a menor quantidade é encontrada na variedade quinoa pasankalla (Bolívia), com 0,047% (Tabelas 4 e 5).

O fósforo participa, concomitantemente com o cálcio, da constituição do tecido ósseo e dental. Nas células, forma parte dos ácidos nucleicos, dos fosfolipídeos e das fosfoproteínas, que são responsáveis pelo armazenamento da energia celular em forma de ligações de fosfato de alta energia (ATP, GTP, CTP, fosfocreatina). O fósforo também é regulador alostérico de diversas enzimas e participa nos sistemas como tampão fisiológico. As necessidades de fosfato estão em torno de 320 a 960 mg/dia, e o conteúdo de fósforo na quinoa está na faixa de 129 a 353 mg/%. A relação Ca/P da quinoa é de 0,33, o que significa que existe um excesso de fósforo em relação ao cálcio (a relação não deve ser menor do que 1,2 nem maior do que 2,0) (FAO, 2011).

Presente e futuro de quinoa

A quinoa (*Chenopodium quinoa* Willd.) se adapta bem a condições extremas e atualmente é produzida em diferentes países latino-americanos, como Peru, Bolívia, Equador, Chile, Argentina e Colômbia. No Brasil, existe um bom potencial de produção. A quinoa geralmente é exportada como grão seco e livre de saponinas para o mercado europeu e os Estados Unidos. Existem diferentes formas de consumo, utlizando-se a farinha, por exemplo, para o preparo de pães, biscoitos, snacks, bebidas, cereais etc.

Segundo Bhargava et al. (2007), a farinha de quinoa possui boas propriedades culinárias, além de possibilitar o desenvolvimento de produtos à base de cereais e livres de glúten. Como já mencionado neste capítulo, essa espécie possui alto valor nutritivo e recentemente vem sendo usada como novidade em termos de alimento funcional. No entanto, é muito importante conduzir novas pesquisas que ajudem a promover, valorizar e diversificar a sua produção e o seu consumo.

Um aspecto importante é informar ao consumidor as excelentes propriedades dessa espécie. Os processos de promoção e divulgação facilitam a sua adoção e incorporação na dieta diária de milhares de pessoas que desejam uma vida mais saudável. Por outro lado, é necessário o desenvolvimento de produtos funcionais capazes de atender a distintos segmentos de mercado, aumentando, dessa forma, as oportunidades industriais e comerciais da quinoa.

Tabela 4. Quantidade (mg) de minerais presentes em diferentes variedades de quinoa por 100 g de fração comestível.

Variedade de quinoa	Cálcio (mg)	Fósforo (mg)	Ferro (mg)
Quinoa branca (Junín)	85	155	4,2
Quinoa branca (Puno)	120	165	0,0
Quina Willd. cruda (Peru)	56	242	7,5
Quinoa doce branca (Junín)	93	355	4,3
Quinoa Willd. doce branca (Puno)	115	226	5,3
Quinoa Willd. doce rosa (Junín)	80	344	4,5
Quinoa rosa (Puno)	124	205	5,2
Quinoa doce (Quitopamba)	NA*	NA	NA
Quinoa amarga (Nariño)	NA	NA	NA
Outras quinoas	NA	NA	NA
Quinoa pasankalla (Bolívia)	47	347	4,2
Quinoa comum amarelha (Chile)	94	140	16,4
Quinoa (Equador)	68	430	6,6
Quinoa doce (Bolívia)	58	347	5,4
Quinoa real (Bolívia)	61	414	9,7
Quinoa coita (Bolívia)	62	250	3,1
Quinoa pito (Bolívia)	57	438	8,8
Quinoa qaslala (Bolívia)	67	345	6,7
Quinoa (Colômbia)	55	354	5,0

Fonte: FAO (2011); Kumpun et al. (2011)
* NA: não apresentadas.

Tabela 5. Análise mineral de três grãos selecionados (em ppm).

Grão	Cálcio	Fósforo	Ferro	Potássio	Sódio	Zinco
Quinoa	1.274	3.869	20	6.967	115	48
Feijão	1.191	3.674	86	10.982	103	32
Trigo	550	4.700	50	8.700	115	14

Fonte: FAO (2011); Kumpun et al. (2011)

Referências bibliográficas

ARORA, A.; NAIR, M.; STRASBURG, G. Structure-activity relationships for antioxidant activities of a series of flavonoids in a liposomal system. **Free Radical Biology and Medicine**, v. 24, n. 9, p. 1.355-63, 1998.

ARTURO, R.; BACIGALUPO, A.; BRESSANI, R. Efecto de la extrusión sobre las características funcionales y la calidad proteínica de la quinoa (*Chenopodium quinoa* Willd.). **Archivos Latinoamericanos de Nutrición** 35(1): 148-62,1985.

BHARGAVA, A.; SUDHIR, S.; DEEPAK, O. Genetic variability and interrelationship among various morphological and quality traits in quinoa (*Chenopodium quinoa* Willd.). **Field Crops Research** 101, p. 104-16, 2007.

BHARGAVA, A.; SUDHIR, S.; DEEPAK, O. *Chenopodium quinoa* – An Indian perspective. **Industrial Crops and Products** 23, p. 73-87, 2006.

BHARGAVA, A. et al. Seed protein electrophoresis of some cultivated and Willd. species of *Chenopodium*. **Biologia Plantarum** 49(4): 505-11, 2005.

BRADY, K. et al. Effects of processing on the nutraceutical profile of quinoa. **Food Chemistry** 100, p. 1.209-16, 2007.

BRIGENAR, C.; GOURDAN, S. Isolation and characterization of *Chenopodium*, the 11s seed storage protein of quinoa (*Chenopodium quinoa*). **J. of Agricultural and Food Chemistry** 41(2): 182-5, 1993.

CORRAI, B. A. et al. The content of protein and nonproteic (free and protein bound) tryptophan in quinoa and cereals flours. **Food Chemistry** 100, p. 1.350-5, 2007.

DEL CASTILLO, V.; LESCANO, G.; AMADA, M. Formulación de alimentos para celíacos con base en mezclas de harinas de quinoa, cereales y almidones. **Archivos Latinoamericanos de Nutrición**. Órgano Oficial de la Sociedad Latinoamericana de Nutrición, v. 59, n. 3, 2009.

DORMAN, H. J. D. et al. Characterization of the antioxidant properties of the de--odourised aqueous extracts from selected Lamiaceae herbs. **Food Chemistry** 83, p. 1.255-62, 2003.

FAO (OFICINA REGIONAL PARA AMÉRICA LATINA Y EL CARIBE). **La quinoa:** cultivo milenario para contribuir a la seguridad alimentaria mundial, 2011.

HIROSE, Y. et al. Antioxidative properties and flavonoid composition of *Chenopodium quinoa* seeds cultivated in Japan. **Food Chemistry** 119, p. 1.300-6, 2010.

HOLMMAN, P. C.; KATAN, M. B. Absorption, metabolism and health effects of dietary flavonoids in man. **Biomedicine & Pharmacotherapy** 51(8): 305-10, 1997.

JANCUROVÁ, M.; MINAROVIČOVÁ, L.; DANDÁR, A. Quinoa – a Review. **Czech J. Food Sci.**, v. 27, n. 2, p. 71-9, 2009.

KENSIL, C. R. Saponins as vaccine adjuvants. **Critical Reviews in Therapeutic Drug Center Systems** 13(1-2): 1-55, 1996.

KULJANABHAGAVADA, T. et al. Triterpenesaponins from *Chenopodium quinoa* Willd. **Phytochemistry** 69, p. 1.919-26, 2008.

KUMPUN, S. et al. Ecdysteroids from *Chenopodium quinoa* Willd., an ancient Andean crop of high nutritional value. **Food Chemistry** 125, p. 1.226-34, 2011.

MADL T. et al. Tandem mass spectrometric analysis of a complex. Triterpene saponin mixture of *Chenopodium quinoa*. **Journal of the American Society for Mass Spectrometry**, v. 17, p. 795-806, 2006.

MENSIK, R. et al. Effects of dietary fatty acids and carbohydrates on the ratio of serum total to HDL cholesterol and on serum lipids and apolipoproteins: a meta-analysis of 60 controlled trials. **Am. J. Clin. Nutr.**, v. 77, n. 5, p. 1.146-55, 2003.

MIRANDA, M. et al. Physico-chemical analysis, antioxidant capacity and vitamins of six ecotypes of chilean quinoa (*Chenopodium quinoa* Willd.). **Procedia Food Science,** v. 1, p. 1.439-46, 2011.

MILLWARD, J. The nutritional value of plant-based diets in relation to human amino acid and protein requirements. **Proceeding of the Nutrition Society**, v. 58, n. 2, p. 249-60, 1999.

MOSKAUG, J. et al. Molecular imaging of the biological effects of quercetin and quercetin-rich foods. **Mechanisms of Ageing and Development** 125, p. 315-24, 2004.

MUJICA, A.; JACOBSEN, S. La quinoa (*Chenopodium quinoa* Willd.) y sus parientes silvestres. **Botánica Económica de los Andes Centrales.** Universidad Mayor de San Andrés, La Paz, p. 449-57, 2006.

OSHODI, A.; OGUNGBENLE, H.; OLADIMEJI, M. Chemical composition, nutritionally valuable minerals and functional properties of benniseed, pearl millet and quinoa flours. **Int. J. Food Sci. Nutr.** 50, p. 325-31, 1999.

PRICE, K. R. et al. The chemistry and biological significance of saponins in foods and feedingstuffs. **C. R. C. Critical Reviews in Food Science and Nutrition**, v. 26, n. 1, 1987.

RANHOTRA, G. et al. Composition and protein nutritional quality of quinoa. **Cereal Chem.** 70(3): 303, 1993.

REPO-CARRASCO, R.; ESPINOZA, C.; JACOBSEN, S. Nutritional value and use of the Andean crops quinoa (*Chenopodium quinoa*) and kañiwa (*Chenopodium pallidicaule*). **Food Rev. Int.** 19, p. 179-89, 2003.

REPO-CARRASCO-VALENCIA, R. A. M. Flavonoids and other phenolic compound in Andean indigenous grains: quinoa (*Chenopodium quinoa*), kañiwa (*Chenopodium pallidicaule*) and kiwicha (*Amaranthus caudatus*). **Food Chemistry** 120, p. 128-33, 2010.

REPO-CARRASCO-VALENCIA, R. A. M.; SERNA, A. Quinoa (*Chenopodium quinoa* Willd.) as a source of dietary fiber and other functional components. **Cienc. Tecnol. Aliment.**, Campinas, 31(1): 225-30, 2011.

RIDOUT, C. et al. Quinoa saponins-analyisis and preliminary investigations into the effects of reduction by processing. **Journal of the Science of Food and Agriculture**, v. 54, n. 2, p. 165-76, 1991.

RUALES, J.; NAIR, B. M. Effect of processing on *in vitro* digestibility of protein and starch in quinoa seeds. **Int. J. Food Sci. Technol**. 29, p. 449-56, 1994.

ROMO, S. et al. **Potencial nutricional de harinas de quinoa (*Chenopodium quinoa* W.) variedad piartal en los Andes colombianos – segunda parte.** Facultad de Ciencias Agropecuarias, v. 5, n. 2, 2007.

RYAN, E. et al. Phytosterol, squalene, tocopherol content and fatty acid profile of selected seeds, grains, and legumes. **Plant Foods Hum. Nutr**. 62, p. 85-91, 2007.

SIGSTAD, E.; FERNANDO, E.; PRADO, B. A microcalorimetric study of *Chenopodium quinoa* Willd. seed germination. **Thermochimica Acta** 326, p. 159-64, 1999.

SCHABES, F.; SIGSTAD, E. Calorimetric studies of quinoa (*Chenopodium quinoa* Willd.) seed germination under saline stress conditions. **Thermochimica Acta** 428, p. 71-5, 2005.

STIKIC, R. et al. Agronomical and nutritional evaluation of quinoa seeds (*Chenopodium quinoa* Willd.) as an ingredient in bread formulations. **Journal of Cereal Science**, v. 55, n. 2, p. 132-8, 2012.

STUARDO, M.; SAN MARTIN, R. Antifungal properties of quinoa (*Chenopodium quinoa* Willd.) alkali treated saponins against *Botrytis cinerea* industrial crops and products 27, p. 296-302, 2008.

WRIGHT, K. et al. Composition of a triplex hortensis, sweet and bitter *Chenopodium quinoa* seeds. **J. Food Sci.** 67(4), 1.380-3, 2002.

VALENCIA-CHAMORRO, S. A. Quinoa. In: CABALLERO, B. **Encyclopedia of Food Science and Nutrition.** Amsterdã: Academic Press, 2003. p. 4.895-902.

YAWADIO, R.; KIKUZAKI, H.; KONISHI, Y. Antioxidant activity of various extracts and fractions of *Chenopodium quinoa* and *Amaranthus* spp., seeds. **Food Chemistry** 106, p. 760-6, 2008.

6

Cadeia produtiva de quinoa

Mayra Monteiro Viana[1]
Paulo Alexandre de Toledo Alves[2]

Introdução

A produção mundial de quinoa, concentrada em alguns países andinos – Peru, Bolívia e Equador –, tem aumentado expressivamente, sobretudo desde meados da década de 1990. Esse incremento foi ainda mais acentuado em anos recentes, impulsionado pela maior procura internacional pelo grão.

A quinoa ainda representa uma parcela muito pequena na produção mundial de alimentos, porém trata-se de produto de grande importância

1. Escola Superior de Agricultura "Luiz de Queiroz" da Universidade de São Paulo – Esalq/USP. Av. Pádua Dias, 11. Caixa Postal 9. Cep 13418-900, Piracicaba, SP, Brasil. mayra.viana@yahoo.com.br
2. Centro de Energia Nuclear na Agricultura da Universidade de São Paulo – Cena/USP. Av. Centenário, 303. Caixa Postal 96, Cep 13400-970. Piracicaba, SP, Brasil.

social e econômica para as comunidades que o cultivam, pela sua riqueza nutricional e por constituir fonte de renda. Em muitos países, a quinoa tem atraído o interesse dos consumidores que buscam um estilo de vida mais saudável via alimentos naturais e exóticos.

É visando atender a demanda local e, sobretudo, internacional que o cultivo da quinoa vem se intensificando nos tradicionais países produtores. Assim, ela tem garantido também a geração de divisas através das exportações, principalmente no caso da Bolívia. Há indícios, porém, de que a maior oferta não tem sido suficiente para atender a demanda global, de modo que o preço tem alcançado cifras elevadas. Essa recente valorização da quinoa, por sua vez, passa a atrair até mesmo a atenção de potenciais novos produtores.

Este capítulo traz reflexões acerca da cadeia produtiva e do mercado mundial de quinoa, em paralelo à situação dos principais países produtores. Mais precisamente, é analisado o desempenho da produção de Peru, Bolívia e Equador, a qual corresponde praticamente à totalidade da produção mundial. Buscou-se também avaliar a demanda internacional por quinoa.

A base de dados para entender a evolução da área de cultivo e o volume produzido nos países selecionados é a Organização das Nações Unidas para Agricultura e Alimentação (FAO, na sigla em inglês), através do banco Faostat. Essa fonte foi utilizada também para elucidar o valor da produção, a exportação e matriz de comércio do Peru, Bolívia e Equador. Baseou-se ainda em revisão bibliográfica, com destaque para os estudos do Centro para a Promoção de Importações (CBI) de países em vias de desenvolvimento, do Ministério dos Negócios Estrangeiros da Holanda.

Evolução da produção mundial de quinoa

A produção de quinoa está historicamente concentrada no Peru, na Bolívia e, em menor proporção, no Equador. O volume produzido tem tido forte incremento, sobretudo nos dois primeiros países, mas recentemente se observa maior colheita também no Equador (Gráfico 1).

Segundo dados da FAO, a Bolívia colheu mais de 20 mil toneladas na média da década de 1990, figurando como maior produtor do mundo de quinoa; o Peru vinha logo atrás, com 17,3 mil toneladas, e o Equador colheu 612 toneladas, em média. Já na média dos anos 2000, o Peru teve aumento de produção muito expressivo, de 74% em relação à média do período anterior, enquanto a Bolívia cresceu 29%. Esse cenário fez que o Peru se posicionasse como maior produtor de quinoa, colocação que ocupa até hoje. Nesse período, o volume produzido do país recuou em 3%.

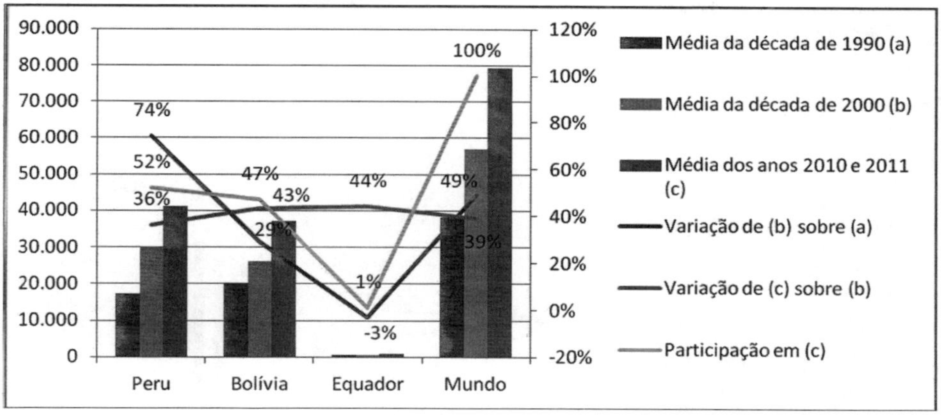

Gráfico 1. Evolução da produção de quinoa nas últimas décadas na Bolívia, no Peru, no Equador e no mundo (em toneladas). Fonte: FAO (2013).

Em anos mais recentes (média de 2010 e 2011, em comparação com a média da década anterior), foi observado aumento de produção nos três países: 36% no Peru, 43% na Bolívia e 44% no Equador. Esse aumento veio atender a demanda internacional pela quinoa (principalmente no caso da Bolívia), a demanda local e regional (sobretudo no caso do Peru), ou em resposta a recentes retomadas do cultivo (em especial no caso do Equador). Na média de 2010 e 2011, o Peru foi responsável por 52% da produção mundial de quinoa; a Bolívia, por 47%; e o Equador, por 1%. Cabe ressaltar que, apesar de não aparecer indicado na série de dados da FAO, há evidências de iniciativas de cultivo de quinoa em outros países da América do Sul (Brasil, Chile e Argentina), nos Estados Unidos e até mesmo em países europeus. Há informações de que o Peru, a Bolívia e o Equador seriam, hoje, responsáveis por 90% da produção mundial de quinoa.

O aumento da produção de quinoa tem resultado também em considerável aumento no seu valor. O Gráfico 2 mostra o ganho em termos monetários que a produção de quinoa representou nos últimos anos, conforme dados da FAO (2013). O valor bruto da produção (em milhões de dólares, considerando a inflação do período) foi maior em 2009 e 2010. Isso explica-se tanto pelo aumento do volume produzido quanto pelo preço mais alto da quinoa. Apesar do crescimento, as cifras não são muito elevadas. O valor bruto da produção, em termos mundiais, chegou próximo a 100 milhões de dólares em 2010, sendo mil vezes menor do que o da soja. Porém, dentro de alguns países que produzem quinoa, seu

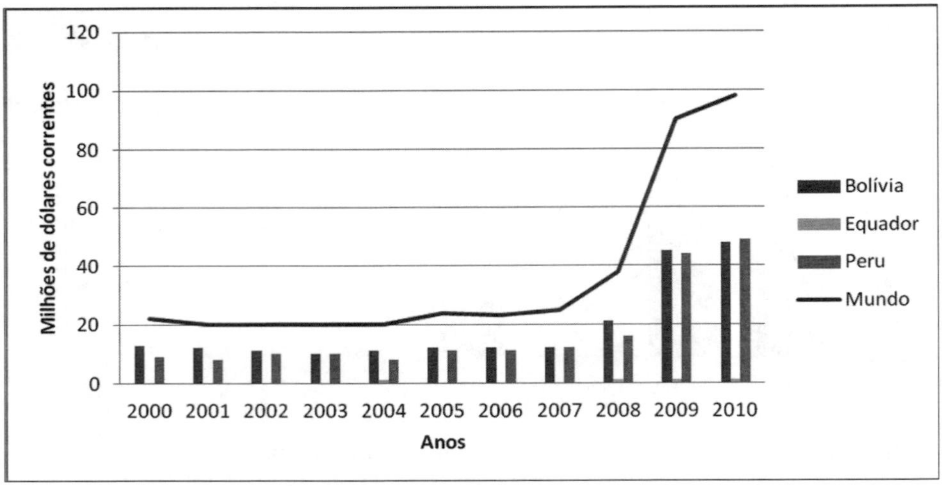

Gráfico 2. Evolução do valor bruto da produção de quinoa (em milhões de dólares correntes). Fonte: FAO (2013).

valor bruto da produção tem certa relevância. Na Bolívia, por exemplo, em 2010 respondeu por 1,4% do valor bruto de produção agrícola e por 14,3% do valor correspondente a cereais. No Peru, essas porcentagens foram de 0,4% e 2,8%, respectivamente. Já no Equador foram bem menos expressivas: por volta de 0,01% e 0,1%.

Evolução da produção de quinoa no Peru

O Peru é, hoje, o maior produtor mundial de quinoa, à frente da Bolívia. A produção peruana teve crescimento um pouco superior ao do seu país vizinho. Dados da FAO (2013) indicam que o volume produzido mais do que triplicou em trinta anos (entre 1981 e 2011). O Gráfico 3 apresenta a evolução da área de cultivo, produção e produtividade de quinoa no Peru (com índice 100 iniciando em 1990). Em anos mais recentes, a produção se manteve em um patamar mais elevado, mas sem grandes incrementos. Os aumentos das últimas décadas ocorreram principalmente por ampliação da área cultivada, mas a produtividade também se elevou.

Na média do triênio de 2009-2011, em relação a 2006-2008, o aumento no volume produzido foi de 32%. Para alcançar esse incremento, a área aumentou em cerca de 15% e a produtividade se elevou por volta de 15%. Assim, observa-se que a produtividade não havia atingido o potencial que esse país apresenta e é provável que haja espaço para novos ganhos em produtividade.

EVOLUÇÃO DA PRODUÇÃO DE QUINOA NA BOLÍVIA

Na Bolívia, a produção de quinoa teve crescimento muito expressivo nos últimos anos. Segundo dados da FAO (2013), o volume produzido triplicou em trinta anos (entre 1981 e 2011). O Gráfico 4, que apresenta a evolução da área de cultivo, produção e produtividade de quinoa na Bolívia (com índice 100 iniciando em 1990) demonstra que um salto ocorreu na segunda metade da década de 1990, por ganho de produtividade. Já na segunda metade da década de 2000, o aumento da produção foi atribuído ao acréscimo da área cultivada.

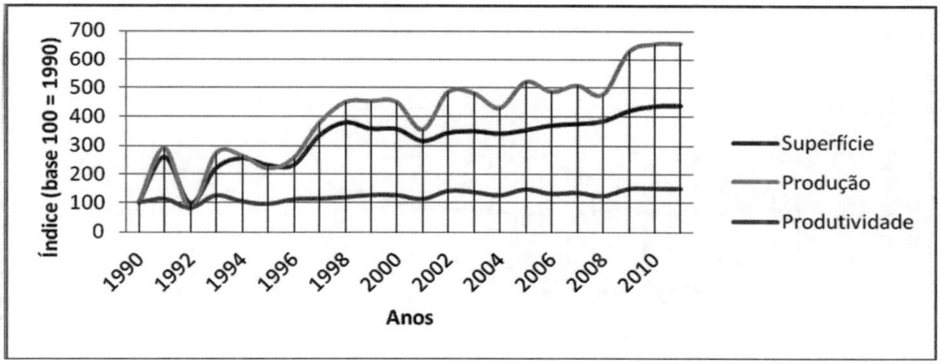

Gráfico 3. Índice de evolução da área de cultivo, produção e produtividade de quinoa no Peru (100 = 1990). Fonte: FAO (2013).

Assim, em anos mais recentes, os aumentos de produção de quinoa se devem basicamente à expansão da área cultivada em zonas marginais. Em 2011, a área foi 53% maior do que em 2006, com produtividade 7% menor, na mesma comparação. A produtividade aquém do potencial tem sido explicada pela erosão e perda de fertilidade do solo, principalmente no Altiplano Sul. Isso se explica, por sua vez, pelo plantio da quinoa como monocultura, pela baixa aplicação de matéria orgânica e pelo sistema inadequado de colheita (com arranque da planta) (Collao, 2004).

EVOLUÇÃO DA PRODUÇÃO DE QUINOA NO EQUADOR

A produção de quinoa no Equador ficou estagnada por muitos anos. Dados da FAO (2013) indicam que não houve uma tendência clara de evolução no volume produzido no país nas últimas décadas. São percebidos ciclos de produção com picos de alta e de baixa em certos períodos.

Porém, em anos recentes, ocorreu aumento (Gráfico 4). Na média do triênio 2009-2011 em relação a 2006-2008, por exemplo, o crescimento foi de 20%.

O Gráfico 5, que apresenta a evolução da área de cultivo, produção e produtividade de quinoa no Equador (com índice 100 iniciando em 1990), demonstra os picos de aumento de produção que ocorreram na década de 1990. Com a produtividade reduzida, esses aumentos de volume foram condicionados à ampliação da superfície cultivada. Já na década de 2000 houve certa retomada da produtividade e uma leve tendência a acréscimo de área cultivada e do volume produzido.

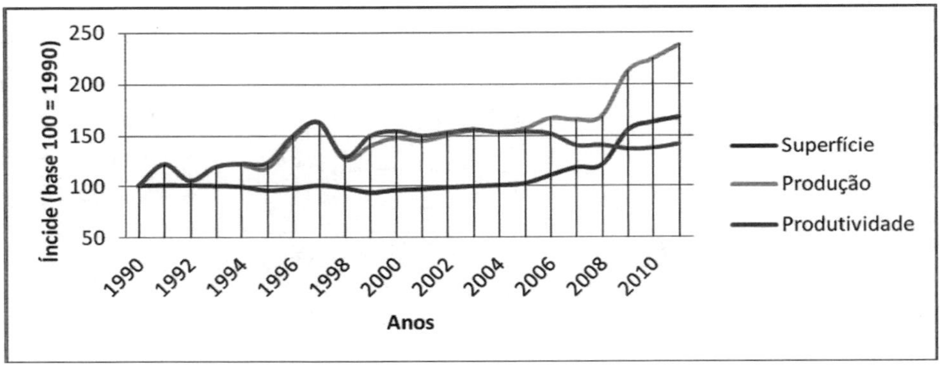

Gráfico 4. Índice de evolução da área de cultivo, produção e produtividade de quinoa na Bolívia (100 = 1990). Fonte: FAO (2013).

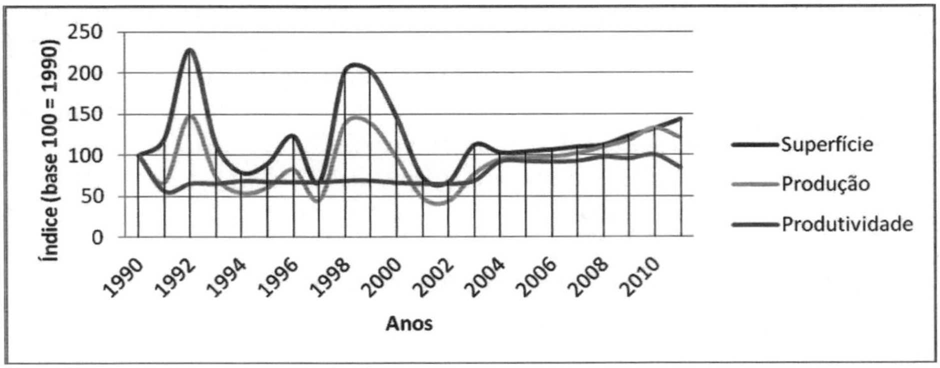

Gráfico 5. Índice de evolução da área de cultivo, produção e produtividade de quinoa no Equador (100 = 1990). Fonte: FAO (2013).

No Equador, mais recentemente tem havido iniciativas de incentivo à produção de quinoa. Porém, não se observa busca pela produção intensiva, como aconteceu na Bolívia. O crescimento da produção, nos próximos anos, dependerá das oportunidades de mercado que a quinoa apresentar, em comparação com outros produtos, como os próprios cereais, largamente cultivados na região andina do Equador.

Descrição da cadeia de quinoa

A cadeia produtiva da quinoa envolve uma rede de agentes interligados. Assim como nas outras cadeias agroindustriais, há funções bem determinadas. De maneira simplificada, essa cadeia pode ser dividida em: 1) produtor; 2) processador; 3) mercado local; 4) exportador; 5) importador; 6) embalador; 7) distribuidor/atacadista; 8) indústria de alimentos; 9) varejo, chegando ao consumidor final. No Gráfico 6 é apresentado o esquema da cadeia produtiva da quinoa.

Nessa cadeia produtiva, antes do produtor há os fornecedores de insumos, que não aparecem no gráfico. Trata-se da base do sistema produtivo, contemplando indústria de máquinas e implementos, de defensivos e

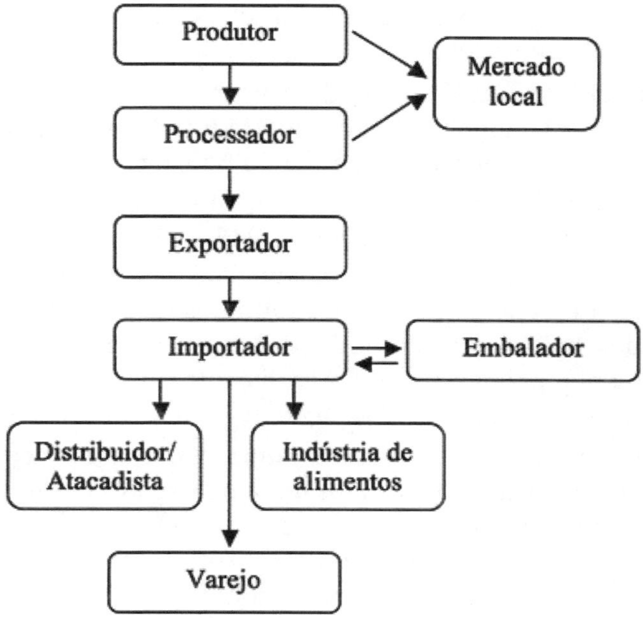

Gráfico 6. Cadeia produtiva de quinoa. Fonte: Adaptado de CBI (2012c).

fertilizantes e produtores de sementes. Não foram encontrados estudos que elucidem a importância desse elo na cadeia produtiva da quinoa.

No elo da produção, os produtores de quinoa, em sua maioria, são de pequeno porte, muitos classificados como agricultores familiares. Vivem principalmente em comunidades dos Andes do Peru, da Bolívia e do Equador. Como a maioria dos produtores agrícolas, o produtor de quinoa é, em geral, tomador de preço. Há movimentos em torno da diferenciação de quinoa por meio de certificações, visando a obtenção de preços diferenciados, demandados no mercado de nicho em que o grão se insere.

No elo de processamento, produtores podem se organizar em forma de cooperativas (empresas sociais), indo até a comercialização. Competem no mercado com empresas privadas de processamento, as quais adquirem a quinoa de fornecedores. O mercado consumidor e as políticas públicas têm sido mais favoráveis às empresas sociais (Machicado & Birbuet, 2008). O processamento da quinoa é realizado seguindo as etapas de remoção de impurezas e de saponinas, classificação, limpeza, secagem, seleção e embalamento.

Até 2005, o maior problema do setor, na Bolívia, encontrava-se no elo processador, pelas perdas nos processos e pela baixa capacidade física de processamento. Nos anos que se seguiram, porém, as empresas bolivianas elevaram substancialmente sua capacidade de processamento (Machicado & Birbuet, 2008).

Uma parcela da quinoa é vendida no mercado local e o restante, no mercado internacional, via elo exportador. A importância de cada mercado depende do país. Hoje, para a Bolívia, o mercado internacional responde pela maior parcela; para o Peru, pela menor parcela; para o Equador, por uma parcela ainda menos expressiva.

Os importadores de quinoa trabalham com distribuidores que embalam o produto que chega ao país nos formatos demandados pelos compradores. Pode haver inclusão de logomarcas, por exemplo, ou apenas acomodação em embalagens menores. Devido ao tamanho do mercado consumidor final, há também a atuação de distribuidores e atacadistas.

A indústria de alimentos adquire a quinoa para a fabricação de produtos finais, como farinhas, produtos de panificação, cereais e macarrão. O varejo, por sua vez, pode ser dividido em: varejo comum (lojas e supermercados) e serviços de alimentação (restaurantes, hotéis e instituições, como hospitais). No varejo, a quinoa chega ao consumidor tanto em formato mais rústico (em grãos ou flocos, por exemplo), quanto como ingrediente dos alimentos industrializados.

Particularidades da cadeia produtiva da quinoa no Peru, na Bolívia e no Equador

O Peru tem liderado a produção mundial de quinoa. Isso se deve ao aumento do consumo interno e à forte política de incentivo à produção por parte do governo e de organismos não governamentais. Em alguns anos, observou-se queda de produção, em decorrência do clima desfavorável ou de doenças (como o míldio); no geral, a tendência é de aumento (Collao, 2004). Justamente por isso, o cultivo da quinoa no Peru é mais favorável em regiões áridas e semiáridas dos Andes (Aguila, 2008). Uma vantagem desses países, em relação à Bolívia, é o menor custo de produção (Collao, 2004).

Estimativa do Departamento de Agricultura dos Estados Unidos (USDA, na sigla em inglês) indicou que o Peru produziria 46,5 mil toneladas de quinoa em 2013. A maior parte da quinoa desse país é cultivada nos Altiplanos do Sul, mais precisamente, na região de Puno, onde estão localizados 75% dos 38,5 mil hectares (USDA, 2013).

Apesar de não ser uma das principais culturas em termos de área, a quinoa começa a figurar como importante produto na pauta de exportação peruana. Hoje, já garante renda em uma das regiões mais carentes do Peru. A demanda por parte de países desenvolvidos fez dobrar o preço do produto nos últimos cinco anos. A média de preço de exportação do Peru, em 2007, era de US$ 1.308/tonelada, e em 2012 atingiu US$ 2.882/tonelada. O preço da quinoa vermelha foi ainda mais alto: até US$ 4.500/tonelada (USDA, 2013).

Na Bolívia, o aumento da produção de quinoa foi motivado pela exportação. O país é o maior fornecedor de quinoa, em âmbito global, e exporta para mercados cada vez mais exigentes, o que garante renda aos produtores locais (Medrano & Torrico, 2009).

O cultivo de quinoa na Bolívia pode ser separado em três regiões: Altiplano Central, Norte e Sul. Nos Altiplanos Central e Norte concentra-se 80% do número de unidades produtoras, com domínio de pequenos produtores. No Altiplano Norte, a produção é mais voltada para a subsistência do que para o mercado. Já no Altiplano Sul, onde se localizam os 20% restantes de unidades produtoras, a quinoa é o principal produto cultivado, respondendo pela maior parcela dos rendimentos da população local. Nesse Altiplano produz-se o tipo conhecido como quinoa real, que domina as exportações bolivianas e o comércio mundial do produto (Collao, 2004).

Um fator preocupante é a necessidade de medidas de recuperação da fertilidade dos solos nas regiões da Bolívia. Caso a produção deixe de aumentar, no futuro a demanda local poderá ser menos abastecida, para atender o mercado internacional. Por isso, é importante trabalhar a segurança alimentar das regiões produtoras, incentivando o aumento de produção e o consumo interno boliviano, paralelamente à exportação (Medrano & Torrico, 2009). Pressupõe-se que, se o mercado internacional é mais atraente, em termos de preços, os produtores locais podem preferir exportar, em vez de vender dentro do país.

Quanto ao Equador, agricultores têm sido incentivados a plantar quinoa sobretudo em locais onde gerações antecedentes a cultivaram. Esse país difere de áreas da Bolívia e do Peru porque nele é viável plantar outras culturas, graças ao bom regime de chuvas e à pequena variabilidade climática. Assim, a quinoa não tem papel tão fundamental na segurança alimentar das comunidades andinas do Equador. De qualquer forma, associações de produtores e organizações não governamentais do país defendem o plantio de quinoa como diversificação e para atender o mercado internacional. Cabe ressaltar que, no Equador, a alta umidade dos chamados Andes Verdes torna a quinoa mais suscetível a doenças como o míldio (Hellin & Higman, 2001).

Mercado internacional de quinoa

Apesar de a utilização da quinoa nos Andes datar de seis mil anos atrás, o produto não é largamente conhecido em outras partes do mundo. Ainda é considerado, no geral, mercado de nicho. No entanto, há uma série de tendências de consumo que favorecem a demanda pelo produto, e o crescimento do consumo poderá atrelar-se ao desenvolvimento de novos produtos contendo a quinoa (CBI, 2012d).

A quinoa é encontrada em três cores no mercado: branca, vermelha e preta. A variedade mais conhecida e abundante é a branca. Por isso, na Europa e nos Estados Unidos, os preços da quinoa vermelha e da preta são, respectivamente, 42% e 51% maiores do que os da branca. Porém, na Bolívia, os preços ao produtor seguem em sentido contrário ao do mercado internacional. Produtores recebiam 40% menos pela quinoa vermelha e preta, em comparação com a tradicional, de cor branca, por motivos desconhecidos (Machicado & Birbuet, 2008). Apesar de a quinoa vermelha ou a preta serem exportadas para países que pagam preços mais elevados, os produtores podem receber os preços mais baixos, em comparação com a branca. Deve-se lembrar que esta é mais conhecida para consumo no país e objeto de valorização interna.

Os preços da quinoa são regidos pelo mercado internacional. Alguns fatores, porém, podem ser controlados pelos exportadores no sentido de garantir uma boa remuneração no mercado global. Dentre eles, destacam-se a qualidade da quinoa, o volume de fornecimento e o relacionamento com o comprador. Em relação à qualidade, garante-se um bom valor quando o produto foi devidamente selecionado, limpo (remoção de saponinas), classificado, lavado e seco. No relacionamento entre os elos, são favorecidos aqueles fornecedores com relação de longo prazo e com maior capacidade de atender, em termos de volume. Quanto aos preços da quinoa com diferentes apelos, eles têm se tornado menos favoráveis a quem exporta. Uma forte alta no preço do produto em 2007 tornou o preço estabelecido pelo comércio justo pouco atrativo. Além disso, o preço da quinoa orgânica reduziu frente ao valor da convencional: em 2010, era 10 a 15% superior ao da quinoa comum (CBI, 2012b).

Na União Europeia, há uma série de requisitos rigorosos para a importação. Entre eles, destacam-se aqueles relacionados à qualidade e ao fornecimento. No que diz respeito à qualidade da quinoa, mais especificamente, à segurança do produto, é avaliada a presença de impurezas e o processamento adequado. Já quanto ao fornecimento, exige-se constância e disponibilidade do produto durante todo o ano. Para os importadores, os estoques podem ser reduzidos, mas as indústrias de alimentos e os consumidores dependem de suprimento contínuo. Espera-se que empresas exportadoras possam atuar junto a produtores para assegurar a continuidade da oferta (CBI, 2012a).

Para garantir espaço no mercado europeu, deve ser trabalhado o relacionamento com o cliente. Na União Europeia, desaprova-se o comportamento oportunista de exportadores em épocas de falta de quinoa no mercado e preços em alta. Assim, um relacionamento de longo prazo, através de contratos e do seu cumprimento, é valorizado (CBI, 2012a).

Em relação ao apelo socioambiental, para a quinoa orgânica exige-se certificação e rastreabilidade dos processos. Um fator que limita a oferta de quinoa orgânica certificada, como praticamente de todos os alimentos orgânicos, é o custo relativamente alto dessa adesão aos pequenos produtores. Em relação aos aspectos sociais, certificações específicas, como a SA 8000 e a de comércio justo, podem abrir novas oportunidades de mercado. Porém, esse apelo, sozinho, não garante necessariamente preços mais altos aos fornecedores (CBI, 2012a). A certificação de comércio justo pode ser viável para os pequenos produtores, enquanto a rastreabilidade pode ser facilitada se eles estão organizados (em cooperativas), se têm o apoio de empresas que agrupam os lotes e de processadoras.

Com relação à importação de quinoa no mundo, os Estados Unidos são os seus maiores compradores, mas os países que produzem quinoa também se interessam pelo mundo europeu. Até a década de 1990, o mercado francês não estava familiarizado com a quinoa. Hoje, é o maior comprador, na Europa, desse produto, a maior parte proveniente basicamente da Bolívia. Apesar de continuar em um mercado de nicho, a quinoa passou a ser facilmente encontrada em supermercados e lojas de alimentos naturais. Na França, os apelos de comércio justo e de produto orgânico são comuns, acompanhados de certificações (CBI, 2010a).

Na Alemanha, a demanda da quinoa encontra-se em ascensão, sobretudo vinculada ao comércio justo e à produção orgânica. A Bolívia é o maior fornecedor de quinoa para esse país, o qual também adquire volumes consideráveis da produção do Peru, destacando-se como maior importador de quinoa peruana, dentre os países europeus. A quinoa vem sendo vendida na Alemanha mais como produto rústico, em lojas especializadas, e pouco como ingrediente de alimentos industrializados (CBI, 2010b).

A Holanda figura entre os três maiores importadores de quinoa da Europa. Além do consumo local, o país tem papel fundamental na distribuição da quinoa em outros países da Europa, pela importância da sua estrutura portuária e pela presença de *traders*. Os principais importadores de quinoa nesse país são especializados em produtos naturais e orgânicos. Quanto ao mercado consumidor local, está menos maduro do que o francês, assemelhando-se ao alemão (CBI, 2010c).

Com relação ao Reino Unido, a demanda por quinoa encontra-se mais insipiente do que nos países citados anteriormente. No geral, consumidores não têm conhecimento sobre os seus benefícios, em comparação com outros produtos da mesma categoria. Porém, há potencial de crescimento no Reino Unido, e a quinoa começa a ser vendida nos supermercados (CBI, 2010d). Esse crescimento teve incentivo pelo fato de que a FAO declarou 2013 como o Ano Internacional da Quinoa, para benefício da demanda não só no Reino Unido, mas também em outros lugares.

Para que o mercado internacional da quinoa continue em ascensão, é importante realizar estudos para identificar mercados potenciais, nos quais diferentes produtos com quinoa possam satisfazer as necessidades e os desejos dos consumidores. Também devem ser divulgadas as propriedades, as características nutricionais e os usos da quinoa, com o propósito de ampliar o consumo. Reduzir o preço também tornaria a quinoa mais competitiva com relação a outros produtos. Dentre os fatores que influenciam o consumidor na compra, destacam-se: informações detalhadas sobre ele; preço; recebimento de informações através dos meios de comunicação e de amostras gratuitas do produto (Minaya, 2009). Como acontece com outros alimentos, os concursos públicos para incluir a quinoa em programas de alimentação institucionais (tais como escolas e hospitais) permitiria expandir o acesso ao produto entre pessoas de diferentes níveis de renda.

Dentre os países que abastecem o mundo com quinoa, a Bolívia responde por quase a totalidade das exportações. Já as do Equador são bastante tímidas, e o Peru praticamente não exporta, tendo sua produção voltada para o mercado interno, apesar do volume de produção nesse país ser tão considerável quanto o da Bolívia.

No Gráfico 7, é possível observar que as exportações de quinoa ampliaram gradativamente na última década, sobretudo a partir de 2005. A exportação mundial aumentou quase sete vezes entre 2000 e 2010. O maior salto, em valor absoluto, ocorreu em anos mais recentes. Após três anos de estabilidade, entre 2007 e 2009, a exportação mundial pulou de 10,3 mil toneladas, em 2009, para 15,4 mil, em 2010.

Com relação ao valor recebido pelos países produtores pela exportação da quinoa, os preços mais elevados, em alguns anos, incentivaram a exportação, em função de comportamentos oportunistas. Considerando a série de preços médios da FAO (através da relação entre volume exportado e valor monetário), identificam-se os dois períodos principais de aumento de preço. Um desses períodos foi de 2007 para 2008, quando o aumento do preço médio da quinoa exportada (média mundial, com elevada representatividade da Bolívia) foi de expressivos 79%. Após permancer praticamente estável entre 2008 e 2009, observou-se outro incremento de preço médio de 2009 para 2010: de 32%. Cabe ressaltar que, entre 2000 e 2007, o preço médio permaneceu estável.

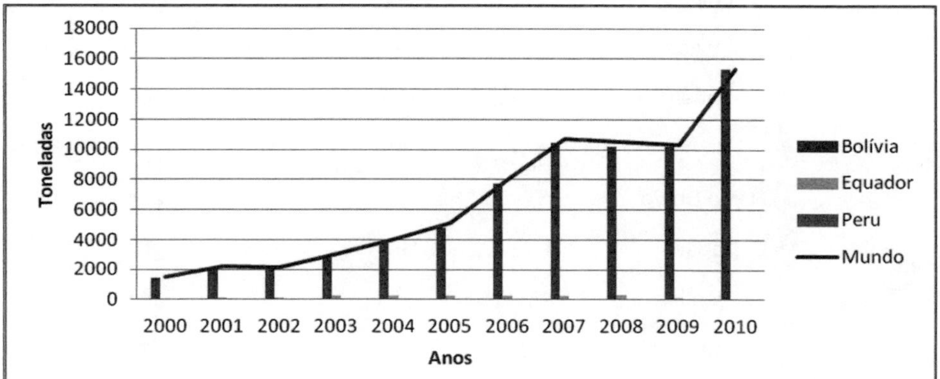

Gráfico 7. Evolução das exportações de quinoa em toneladas. Fonte: FAO (2013).

Os dados da FAO sobre a exportação de quinoa por destino estão disponíveis até o ano de 2010. Não há registros de dados para o ano de 2009. Avaliar as exportações bolivianas por essa fonte de informação permite identificar quais destinos foram os mais importantes nos últimos anos, bem como os que tiveram maior crescimento (Tabela 1).

Na tabela aparecem os dez maiores importadores de quinoa boliviana nos anos de 2000 a 2010. Os Estados Unidos foram, com larga vantagem, os maiores importadores, seguidos de França, Holanda e Alemanha. O Canadá aparece na quinta colocação, seguido de Israel, Brasil, Reino Unido, Japão e Argentina. Considerando esse ranking para o ano de 2010, o Canadá seria o terceiro maior importador e o Brasil superaria Israel. A Argentina também passou a ter importação mais expressiva. Sendo assim, é possível concluir que a América do Norte (Estados Unidos e Canadá) atualmente constitui o principal mercado para a quinoa da Bolívia, seguida da Europa e de países da América do Sul.

Tabela 1. Evolução da exportação boliviana de quinoa por país importador (valores de exportação em toneladas).

Ranking (média 2000-2010)	Principais importadores	Média do triênio 2000-2002	Média do triênio 2003-2005	Média do triênio 2006-2008	Ano de 2010	Total
1°	Estados Unidos	644	1.134	2.917	7.645	12.340
2°	França	456	988	1.922	2.058	5.424
3°	Holanda	334	892	1.749	1.922	4.897
4°	Alemanha	251	243	911	1.173	2.578
5°	Canadá	46	42	590	1.929	2.607
6°	Israel	–	100	550	200	850
7°	Brasil	–	20	171	467	658
8°	Reino Unido	1	35	170	254	460
9°	Japão	16	121	108	81	326
10°	Argentina	22	47	57	243	369
	Outros	108	175	563	713	1.559
	Total	1.878	3.797	9.709	16.685	32.069

Fonte: FAO (2013).

Dados da FAO (2013) sobre as exportações do Equador indicam que os maiores importadores da quinoa equatoriana foram, em ordem de importância: Estados Unidos, Reino Unido, Alemanha, França e Espanha. Juntos, foram responsáveis por 97% das exportações do país entre 2000 e 2009. Porém, o volume foi pouco significativo com relação à Bolívia.

Quanto ao Peru, os dados disponibilizados pela FAO (2013) remetem aos anos de 1992 a 1997. Neste período, os Estados Unidos também foram os principais compradores, seguidos de Japão, Alemanha, Canadá e Holanda. Juntos, esses cinco países receberam 94% da quinoa peruana exportada. Em anos mais recentes, segundo o USDA (2013), as exportações de quinoa do Peru aumentaram cinco vezes entre 2007 e 2012, em termos de valor. Havia expectativa de aumento ainda maior de demanda após 2013, por ter sido declarado Ano Internacional da Quinoa. Os Estados Unidos da América foram responsáveis, em 2012, por cerca de 62% da receita obtida pelo Peru com as exportações de quinoa.

Oportunidades e desafios no panorama atual do mercado de quinoa

Há uma série de oportunidades e desafios no que tange à produção e comercialização da quinoa.

Dentre os desafios relativos à produção, alguns estudos consideram que pequenos produtores de quinoa dos Andes precisam angariar recursos gerenciais e ter informações de mercado que lhes permitam negociar com governos, organizações não governamentais e processadores. Além disso, precisam ter capacidade para unir-se com o objetivo de garantir uma colheita padronizada e no volume demandado pelo mercado. Isso poderia facilitar até mesmo o acesso ao crédito e a busca por melhor infraestrutura (Hellin, 2002).

Na Bolívia, preocupa também o fato de que a exportação em alta tem pressionado o consumo local. O país, que responde por 70% da quinoa consumida no mundo, viu suas exportações saltarem. Porém, o preço do grão triplicou nos últimos cinco anos e o consumo interno caiu mais de 30%. Nos supermercados de La Paz, a capital do país, um quilo de quinoa custa quase cinco dólares, enquanto um quilo de arroz sai por um dólar (Santiago, 2012). Uma solução poderia ser a criação de normas e políticas para assegurar que parte da produção seja reservada para a população local, em especial nas áreas de insegurança alimentar.

Também os elevados preços do produto no mercado internacional atraem a atenção de novos entrantes. Um dos países interessados em cultivar a quinoa é o Brasil. Na região do Cerrado brasileiro, desde 1990, são realizados trabalhos de melhoramento para adaptá-la ao clima local. A BRS Piabiru é a primeira variedade de quinoa adaptada às condições brasileiras, lançada pela Embrapa Cerrados. A perspectiva é baratear o produto para o produtor e, em consequência, para o consumidor (Paes, 2010).

Há estudos específicos, no estado do Paraná, sobre variedades adaptadas ao Sul e ao Sudeste do Brasil. Os pesquisadores acreditam que, no futuro, a quinoa será uma opção viável e rentável para os produtores do país (Henrique, 2008). Além do Brasil, outros países da América do Sul, os Estados Unidos e a Europa também têm mostrado avanços nesse sentido.

Quanto às oportunidades, o mercado é realmente promissor. Na década passada, a quinoa foi apontada pela Nasa como um alimento adequado para compor a dieta dos astronautas, o que chamou a atenção dos consumidores em todo o mundo. Como o ano de 2013 foi declarado Ano Internacional da Quinoa, por iniciativa da Organização das Nações Unidas para Agricultura e Alimentação (FAO), mais consumidores passaram a buscar a quinoa para compor uma alimentação saudável.

Há oportunidades também no que se refere ao papel da quinoa como alternativa nutricional. Isso, na verdade, faz parte dos objetivos da FAO ao declarar 2013 como o Ano Internacional da Quinoa. Hoje, ela aparece como uma alternativa para países que sofrem com insegurança alimentar, em função da capacidade desse cultivo de se adaptar à seca, a solos pobres e a diferentes altitudes (ONU, 2012). Ir além das oportunidades relacionadas ao *boom* no mercado, buscando meios de fazer a quinoa contribuir para a disponibilidade de alimentos e nutrientes em países de risco de insegurança alimentar, deverá estar em pauta.

Considerações finais

Discussões a respeito da cadeia produtiva de quinoa encontram-se em evidência no meio científico e na imprensa internacional. Por ser um mercado jovem e com enorme potencial de transformação, deve ser constantemente monitorado por pesquisadores e agentes interessados. Em poucos anos, aumentou significamente a área de cultivo, e novas mudanças poderão ocorrer nos principais países produtores. O perfil de consumo da quinoa também vem se alterando, com demanda cada vez mais promissora via produtos industrializados. Para que os tradicionais países produtores aproveitem as oportunidades proporcionadas pelo mercado da quinoa, é necessário trabalhar todos os aspectos dessa cadeia. Boas práticas agrícolas, acompanhadas de ferramentas administrativas, são apontadas como primordiais. Em paralelo, outros países buscam meios de produzir a quinoa em seus territórios, deslumbrados com a riqueza nutricional e o elevado preço desse alimento. Não se pode deixar de lado, ainda, o papel que a quinoa pode desempenhar no que se refere à segurança alimentar e nutricional entre as comunidades andinas e em países afetados pela desnutrição.

Referências bibliográficas

AGUILA, D. E. **Identificación de la demanda del mercado internacional para los productos con potencial exportador del sector agrícola.** Peru: Proyecto de Cooperación EU, 2008.

CBI. Compliance with EU buyer requirements for quinoa. **CBI Market Information Database**, 2012a. Disponível em: <www.cbi.eu>. Acesso em: 30 mar. 2013.

CBI. CBI Market Information: Quinoa – EU – Peru. Prices and price developments for quinoa. **CBI Market Information Database**, 2012b. Disponível em: <www.cbi.eu>. Acesso em: 27 mar. 2013.

CBI. CBI Market Information: Quinoa – EU – Peru. Trade structure and channels for quinoa. **CBI Market Information Database**, 2012c. Disponível em: <www.cbi.eu>. Acesso em: 28 mar. 2013.

CBI. CBI Market Information: Quinoa – EU – Peru. Trends and segments for quinoa. **CBI Market Information Database**, 2012d. Disponível em: <www.cbi.eu>. Acesso em: 28 mar. 2013.

CBI. Fact sheet: quinoa in France. **CBI Market Information Database**, 2010a. Disponível em: <www.cbi.eu>. Acesso em: 30 mar. 2013.

CBI. Fact sheet: quinoa in Germany. **CBI Market Information Database**, 2010b. Disponível em: <www.cbi.eu>. Acesso em: 28 mar. 2013.

CBI. Fact sheet: quinoa in Netherlands. **CBI Market Information Database**, 2010c. Disponível em: <www.cbi.eu>. Acesso em: 28 mar. 2013.

CBI. Fact sheet: quinoa in the United Kingdom. **CBI Market Information Database**, 2010d. Disponível em: <www.cbi.eu>. Acesso em: 30 mar. 2013.

COLLAO, P. **Plan Estratégico Integral para la cadena productiva de la quinoa (documento final).** La Paz, Bolívia: Unidad de Productividad y Competitividad – Ministerio de Desarrollo Económico, 2004. Disponível em: <http://www.upc.gob.bo/upc/biblioteca/docs/cadenas/pei/PEI%20Quinoa.pdf>. Acesso em: 25 mar. 2013.

COSTAS, R. **Febre da quinoa gera conflitos na Bolívia.** BBC Brasil, Londres, maio 2012. Disponível em: <http://www.bbc.co.uk/portuguese/noticias/2012/05/120509_bolivia_quinoa.shtml>. Acesso em: 30 mar. 2013.

ECHALAR, A. M. M.; TORRICO, J. C. Consecuencias del incremento de la producción de quinoa (*Chenopodium quinoa* Willd.) en el altiplano sur de Bolivia. **CienciAgro**, v. 1, n. 4, p. 117-23, 2009. Disponível em: <http://www.ibepa.org/index-Dateien/117-123_Medrano_y_torrico.pdf>. Acesso em: 26 mar. 2013.

FAO – Food and Agriculture Organization of the United Nations. Faostat 2013. Disponível em: <http://faostat.fao.org/site/291/default.aspx>. Acesso em: 25 mar. 2013.

HELLIN, J.; HIGMAN, S. **Crop diversity and livelihood security in the Andes:** the case of potatoes and quinoa. The Intermediate Technology Development Group, 2002. Disponível em: <http://www.cprc.abrc.co.uk/pubfiles/HellinHigman.pdf>. Acesso em: 31 mar. 2013.

HENRIQUE, B. Brasil terá cultivo de quinoa. **O Estado de S. Paulo**, maio 2008. Disponível em: <http://www.estadao.com.br/noticias/suplementos,brasil-tera-cultivo--de-quinoa,175900,0.htm>. Acesso em: 25 mar. 2013.

HELLIN, J.; HIGMAN, S. **Quinoa and rural livelihoods in Bolivia, Peru and Ecuador.** FINCA Update (Oxford Uni. Oxford, Eng.), 2003. Disponível em: <www.maketradefair.com/assets/english/quinoa.pdf>. Acesso em: 25 mar. 2013.

MACHICADO, C. G.; BIRBUET, J. C. **Technological change, productivity and growth in quinoa processing companies.** Presentation on II Discussion Seminar Understanding Productivity Levels, Dispersion and Growth in Latin American and Caribbean Industries, 2008.

MINAYA, F. S. Cadena agroalimentaria de la quinoa y la maca peruana y su comercialización en el mercado español. Madrid, 2009. 432p. Tese (Doutorado) – Universidad Politécnica de Madrid. Disponível em: <http://oa.upm.es/3085/1/FERNANDO_SALCINES_MINAYA.pdf>. Acesso em: 29 mar. 2013.

ONU. **FAO elege 2013 como Ano Internacional da Quinoa**, 2012. Disponível em: <http://www.onu.org.br/fao-elege-2013-como-ano-internacional-da-quinoa/>. Acesso em: 27 mar. 2013.

PAES, C. L. **Produção de quinoa no Brasil conta com o reforço da Embrapa Cerrados.** Planaltina: Embrapa Cerrados, 2010. Disponível em: <http://www.cpac.embrapa.br/noticias/noticia_completa/203/>. Acesso em: 26 mar. 2013.

SANTIAGO, D. Quinoa a peso de ouro. **Dinheiro Rural**, novembro 2012. Disponível em: <http://revistadinheirorural.terra.com.br/secao/agronegocios/quinoa-peso-de-ouro>. Acesso em: 27 mar. 2013.

USDA – United States Department of Agriculture. **Grain and feed report:** quinoa overview. US Government, 2013. Disponível em: <http://gain.fas.usda.gov/Recent%20GAIN%20Publications/Quinoa%20Overview%20_Lima_Peru_2-28-2013.pdf>. Acesso em: 27 mar. 2013.

A Samantha Rosidé Zirena Choque
Rosalinda Cruz Ordoñez
Julia Alleoni Tornisielo

"Nadie es suficientemente perfecto
que no pueda aprender con otro y nadie
es totalmente destituido de valores que no pueda
enseñar algo a su hermano."

San Francisco de Asís

Prefacio

Los estudios contemporáneos de las propiedades y virtudes del grano de la quinua se han incrementado irónicamente en países donde su cultivo es nulo, como el caso de Estados Unidos de Norteamérica, o esporádico, como en los países del viejo continente.

Estimamos que el presente estudio sintético, elabora un compendio apretadísimo acerca de las investigaciones científicas que se extienden en el universo para evaluar los beneficios proteicos, vitamínicos, nutricionales y otros, de la quinua, estableciendo proyecciones en beneficio de la humanidad, que cada vez necesita de productos naturales que aplaquen el hambre.

La quinua es para los pueblos alto andinos (Bolivia, Ecuador y Perú), una verdadera "panacea" que aún no se le valora en su real dimensión benéfica. Por eso la importancia de redescubrir para estas poblaciones el valor nutritivo y ofrecer al mundo este producto ancestral conocido ya por los incas en el extenso Tahuantinsuyo.

Solo en el Perú en los últimos años (2011), felizmente la producción de este grano asciende a 41%, y gracias al Tratado de Libre Comercio con China, vigente desde el 2010, se proyecta exportar el grano para consolidar a un universo de mil quinientos millones de consumidores en el gigante tigre asiático.

Últimamente la quinua está presente no solo en la mesa popular, sino también en la cocina gourmet. Ojalá que pronto, insistimos, valorando y predicando su riqueza proteica y nutricional, los restaurantes ingleses, franceses, italianos, chinos, coreanos, etc., en su menú ofrezcan: chupes, cremas, guisos, mazamorras, néctar y jugos del grano milagroso de la quinua, tan añejo como actual.

Aprecio que éste es el interés del presente estudio investigativo: la quinua de los Andes para el mundo.

Fray Ernesto Chambi Cruz OFM

Agradecimientos

Inicialmente queremos agradecer a Dios por la oportunidad de existir y poder contribuir con estos pequeños aportes de conocimientos para el desarrollo de la agricultura del hombre Andino.

De manera particular también a todos los autores y co-autores de los capítulos que son abordados; jóvenes investigadores de la mejor universidad de América Latina: Universidade de São Paulo, Brasil, todos ellos con una reconocida producción técnico-científica.

Por otro lado queremos agradecer infinitamente al Director de la ONG Cirnma, en la persona del Ing. Roberto Valdivia, quien desde un inicio colaboró directamente en la revisión del presente libro.

Agradecer a todos los profesionales que dedicaron su valioso tiempo para realizar la revisión técnico-científica de éste material; en la persona del Ing. Angel Cari Choquehuanca, reconocido profesional peruano, especialista en manejo y conservación de suelo. Al Ing. Rosario Bravo Portocarrero, reconocida profesional peruana especialista en manejo de plagas y especialista en plagas de quinua.

Sobre los editores

Franz Zirena Vilca es graduado en Ingeniería Agronómica por la Universidad Nacional del Altiplano de Puno, Perú, posee maestría en Agricultura Andina por la misma universidad, doctor en ciencias en el área de concentración de Ecología Aplicada por la Universidade de São Paulo, Brasil. Realiza trabajos de investigación con énfasis en el desarrollo y validación de métodos de análisis cromatográficos usando sistemas de cromatografía de fase liquida y gaseosa acoplada a analizadores de masas y detectores UV-DAD y ECD para análisis de residuos de pesticidas y poluentes orgánicos persistentes (POPs) en alimentos y matrices ambientales; actualmente Pós Doctorando en el Centro de Energia Nuclear na Agricultura da Universidade de São Paulo – Cena/USP.

Valdemar Luiz Tornisielo es graduado en Ecología por la Universidade Estadual Paulista Julio de Mesquita Filho, Brasil, posee maestría en Entomología por la Universidade de São Paulo, Brasil y doctorado en Tecnología Nuclear por la misma universidad, posee amplia experiencia en cromatografía gaseosa, análisis de residuos de pesticidas en agua, peces, alimentos; estudia el comportamiento de pesticidas en suelos usando técnicas nucleares C-14, posee experiencia en síntesis de pesticidas radio marcados. Actualmente realiza estudios sobre residuos de fármacos en ambientes terrestres y acuáticos evaluando su comportamiento utilizando técnicas nucleares. Es profesor Dr. del Centro de Energia Nuclear na Agricultura da Universidade de São Paulo – Cena/USP.

1

Avances científicos y tecnológicos en quinua

Franz Zirena Vilca[1,2]
Lucineide Aparecida Maranho[1]
Valdemar Luiz Tornisielo[1]

Introducción

La falta de un trabajo de revisión de carácter netamente científico sobre el cultivo de quinua, relacionado a las últimos avances científicos, motiva la realización del presente trabajo, el cual se encuentra basado en artículos publicados en revistas indexadas en la mayor base de datos del medio científico "Web of Knowledge" y en trabajos presentados en eventos científicos de carácter internacional; gran parte de la información que aquí se presenta, corresponde a revistas científicas que mayormente son de acceso restringido únicamente al medio científico.

1. Centro de Energia Nuclear na Agricultura da Universidade de São Paulo – Cena/USP. Av. Centenário, 303. Caixa Postal 96, Cep 13400-970. Piracicaba, SP, Brasil.
2. franz-cena-usp@hotmail.com

La quinua (*Chenopodium quinua* Willd.) es un cultivo ancestral con una antiguedad de más de 5,000 años. Su origen y domesticación es la región andina, con una concentración especifica en la Cuenca del Lago Titicaca de Perú y Bolivia. Actualmente son tres los principales países (Perú, Bolivia y Ecuador) productores de este grano. Entre Perú y Bolivia se tiene una producción superior a las 40,000 toneladas año (Gráficos 1 y 2); alcanzando un promedio de 25,900 toneladas anuales durante el período de 1992-2010 (Faostat, 2012). Debido a sus características nutricionales (Dini et al., 2002, 2005), en otros países como Argentina, Chile, Estados Unidos, Canadá y Alemania, existe mucho interés por incorporar considerables extensiones de este grano andino. Jubete et al. (2009) reporta el contenido de macro nutrientes y minerales de la quinua comparando con otros granos (Tablas 1 y 2). Por estas características, sumado a la importancia en el mercado mundial, han sido los elementos claves para que el año 2013 sea declarado como "El Año Internacional de la Quinua" por Naciones Unidas (Agronoticias, 2012).

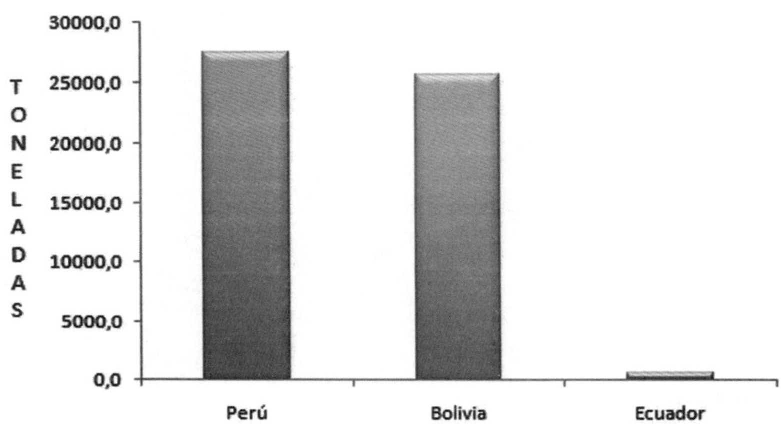

Gráfico 1. Producción anual de quinua en los principales países productores (promedio 1992-2012) expresado en toneladas. Fuente: Faostat (2012).

Al ser destacada su calidad nutricional (Jacobsen, 2003), la quinua puede ser considerada como un alimento "multifuncional" por su nivel proteico, además de contener niveles importantes de aminoácidos como lisina, metionina y treonina, compuestos que son deficitarios en los cereales. Estos granos son usados para preparar diferentes productos alimenticios, como panes, galletas, crepés, panqueques, tortas o queques y tortillas. Las últimas investigaciones están prestando atención en la

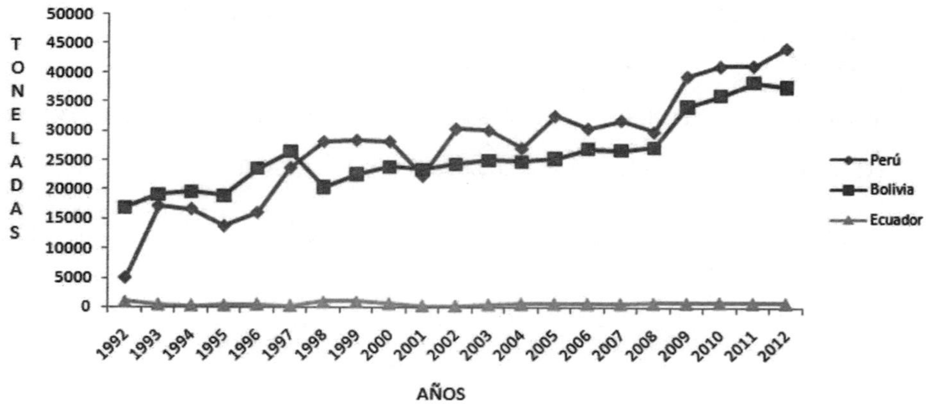

Gráfico 2. Evolución de la producción anual de quinua en los mayores países productores de quinua (1992-2012). Fuente: Faostat (2012).

Tabla 1. Macro nutrientes de amaranto, quinua, trigo sarraceno y trigo (expresados en porcentaje de peso seco básico ± desviación estándar.

Semilla	Proteinas	Grasas	Almidón total	Fibra dietetica	Ceniza
Amaranto	16,5 ± 0,3	5,7 ± 0,3	61,4 ± 0,8	20,6 ± 1,1	2,8 ± 0,1
Quinua	14,5 ± 0,3	5,2 ± 0,1	64,2 ± 1,3	14,2 ± 0,6	2,7 ± 0,1
Trigo sarraceno	12,5 ± 0,3	2,1 ± 0,1	58,9 ± 1,3	29,5 ± 1,2	2,1 ± 0,1
Trigo	12,0 ± 0,1	2,5 ± 0,1	63,0 ± 1,4	17,4 ± 1,2	1,5 ± 0,1

Los factores para la conversión de nitrógeno para proteína son 5,85; 5,96; 5,70 y 5,70 para la quinua, amaranto, trigo sarraceno y trigo, respectivamente. Fuente: JUBETE et al. (2009).

utilización de la quinua como alimento para personas con la enfermedad celíaca (alergia al gluten), para ser usado como una alternativa a los cereales: trigo, centeno y cebada, que contienen gluten.

Debido a todas estas características que son únicas en este cultivo, la quinua ha ganado mayor importancia y presencia en la dieta de cada vez más familias en el mundo, para lo cual se hace necesario conocer cuál es el avance y la dirección que las investigaciones científicas en

Tabla 2. Comparativo del contenido de minerales entre amaranto, quinua y trigo (presentados en mg/100 g peso seco ± desviación estándar).

Semilla	Calcio	Magnesio	Zinc	Hierro
Amaranto	180,1±6,1	279,2±1,1	1,6±0,0	9,2±0,2
Quinua	32,9±3,3	206,8±6,4	1,8±0,0	5,5±0,5
Trigo	34,8±0,0	96,4±3,7	1,2±0,1	3,3±0,1

Fuente: JUBETE et al. (2009).

este cultivo están siguiendo con la finalidad de poder priorizar y orientar futuras investigaciones.

Publicaciones científicas sobre quinua por pais (2004-2012)

Se realizó una búsqueda en la base científica Web of Knowledge colocando como tópico de búsqueda la palabra "quinoa". Fueron consideradas las publicaciones de los últimos ocho años, lo que ha permitido determinar que son 51 los países de origen de los artículos científicos en éste período de tiempo. Esta determinación del origen del artículo científico fue realizado en base a la dirección de referencia que son mencionadas en los artículos, siendo que estas direcciones normalmente pertenecen a las instituciones líderes de los respectivos grupos de investigación que han desarrollado el trabajo.

Desde el mes de enero del 2004 hasta abril del 2012 fueron encontrados 403 artículos publicados relacionados a "quinoa". Existe un liderazgo marcado por parte de los Estados Unidos de América con un total de 48 publicaciones (Gráfico 3). El segundo lugar lo ocupa Argentina con 31 publicaciones. Resaltan países como: Italia (29), Chile (24), Japón (22), Brasil (21) y India (21), entre otros, que le están dando importancia a publicar los resultados de la investigación en quinua. Por el contrario, es desalentador observar el escaso aporte científico de Perú, Bolivia y Ecuador, considerados como países poseedores de la mayor riqueza de esta especie. Perú aportó con siete publicaciones mientras Bolivia lo hizo con cinco. Esta situación lleva a una seria reflexión sobre el desarrollo de la investigación científica y la importancia en asignar recursos en las instituciones relacionadas con investigación (Universidades, Institutos de Investigación). Se puede apreciar, sin embargo, que muchos de los

Gráfico 3. Número de artículos científicos relacionados al cultivo de quinua publicados en revistas indexadas en la Web of Knowledge (*) Información procesada hasta el 12 de abril del 2012.

trabajos publicados fueron basados en datos obtenidos en Perú y Bolivia que justamente son considerados los mayores productores de éste grano. Existe una gran responsabilidad que recae en los centros de investigación, universidades y los órganos relacionados a la investigación de este cultivo para poder tomar un protagonismo real y urgente en el desarrollo de aportes científicos de calidad.

Resulta interesante y también alentador como otros países están interesados en investigar diferentes aspectos de la quinua (Gráfico 3).

Resúmenes de los últimos artículos científicos publicados en la Web of Knowledge relacionados a quinua

A continuación son presentados los resúmenes de los últimos artículos científicos relacionados a quinua publicados desde enero al 15 de junio de 2012, publicadas en la Web of Knowledge principal base científica del mundo.

En un trabajo realizado por Rayner et al. (2012) mencionan que las llamadas estabilizaciones "Pickering" poseen muchas propiedades benéficas, incluyendo que ellas son extremamente estables. En éste trabajo fueron utilizados gránulos de almidón aislados de quinua como partículas

estabilizantes de emulsión. Fueron gránulos intactos de 1-3 µm de diámetro y modificadas con anhídrido octenil succínico para incrementar su hidrofobicidad. Estos gránulos de almidón, en contraposición a la mayoría de las partículas para generar estabilizaciones Pickering, son comestibles, abundantes y derivados de fuentes naturales. Las emulsiones producidas por homogenizaciones a alta cizalladura tenían tamaños de gota de 9-70 µm dependiendo de la relación almidón y aceite. El tamaño de gota disminuyó con el aumento de la relación almidón y aceite, pero no se vio afectada por el volumen de fase de aceite sobre el rango de 5-33% aceite (v/v). Aunque las gotas eran grandes y sujetas a la formación de crema, su tamaño se mantuvo sin cambios durante un período de 7 días. Ellos observaron que mediante el ajuste de relación almidón aceite las gotas podrían ser hechas flotantes para evitar la formación de crema. El trabajo demuestra con éxito el uso de gránulos de almidón de quinoa para estabilizar emulsiones y que pueden ser encontradas aplicaciones no solamente para la industria alimentaria, sino también para la industria cosmética y las formulaciones farmacéuticas.

Razzaghi et al. (2012) evaluaron el efecto del tipo de suelo y sequedad del mismo durante la fase de llenado de semilla en el consumo de nitrógeno, rendimiento y el consumo de agua; para éste trabajo los autores utilizaron el cultivar Titicaca que fue cultivado en lisímetros de campo con suelos: arenoso, franco arenoso y franco arcillo arenoso. A pesar de la aplicación de la misma cantidad de nitrógeno (120 $kgN.ha^{-1}$) para todas las parcelas, hubo grandes diferencias en la absorción de nitrógeno por el cultivo, siendo que en el suelo franco arcillo arenoso la absorción fue de (134 $kg.ha^{-1}$), franco arenoso (102 $kg.ha^{-1}$) y arenoso (77 $kg.ha^{-1}$), todos ellos en condiciones de riego. Esto condujo a una mayor intercepción de la radiación fotosintética activa y un mayor rendimiento de semillas en el suelo franco arcillo arenoso (3,3 $mg.ha^{-1}$) y franco arenoso (3,0 $mg.ha^{-1}$), que en el suelo arenoso (2,3 $mg.ha^{-1}$). El suelo con mayor contenido de arcilla tenía también la mayor cantidad de evapotranspiración del cultivo y rendimiento debido a la mayor absorción de nitrógeno. La quinua es tolerante a suelos secos durante el llenado de semillas y un riego deficitario puede mejorar la productividad del agua y ahorrar cantidades considerables de agua de riego. El coeficiente basal del cultivo (Kbc) y el coeficiente de evaporación (Ke) valores resultaron ser de 0,20 y 0,85 por 1,20 inicial y 0,02 para mediados y 0,04 y 0,06 para la etapa tardía de desarrollo de la quinua basado en las mediciones de flujo de savia.

En un trabajo realizado por Gomez-Caravaca et al. (2012) reportan que diferentes variables agronómicas, tales como el riego y la salinidad pueden afectar el perfil fenólico y de saponina de la quinua. Se observó

que el riego con 25% de restitución completa de agua, con y sin adición de sal, fue asociado al aumento de compuestos fenólicos libres de 23,16 y 26,27% respectivamente. En contraste, los compuestos fenólicos enlazados no fueron afectados por el estrés ambiental. Las saponinas disminuyen si las muestras no son expuestas a la sequía y los regímenes de solución salina. En situaciones de déficit hídrico, el contenido de saponinas disminuyó 45 y 50% cuando un estrés salino fue añadido. Los resultados sugieren que el riego y la salinidad pueden regular la producción de compuestos bioactivos en la quinua, que influyen en sus valores nutricionales e industriales.

Burrieza et al. (2012) analizaron el contenido de dehidrinas en embriones por dos técnicas western blot e inmunolocalización in situ. La técnica de Western blot detectó por lo menos cuatro dehidrinas (55, 50, 34 and 30 kDa) en semillas cosechadas de plantas tratadas bajo un amplio estrés salino. La dehidrina 30 kDa aumentó su acumulación en ambos 300 y 500 mm NaCl condiciones de crecimiento según lo revelado por análisis densitométrico. La localización de la dehidrina sub molecular fue mayormente molecular en 500 mm de NaCl. Un tratamiento de fosfatasa de los extractos de proteína causó el desplazamiento de 34 y 30 kDa bandas de dehidrina sugiriendo un mecanismo de modulación basado en la fosforilación de proteínas. Con estos resultados novedosos con relación a la acumulación de dehidrinas, localización submolecular y estado de fosforilación, los autores relatan que están relacionados con el fenotipo tolerante a alto estrés salino previamente informado para este cultivar.

Carlson et al. (2012) mencionan que la cascara de quinua posee un alto contenido de saponina y puede ser de interés como un aditivo alimenticio. En este trabajo fue evaluada la influencia de la saponina obtenida de quinua en el rendimiento de cerdos. Se usó harina de Cáscara de Quinua (HCQ) como aditivo para la alimentación de cerdos. Los efectos de la HCQ fueron evaluados para tres dosis de origen de América del Sur (AS) (100, 300 y 500 $mg.kg^{-1}$) y una dosis de origen danés (DK) quinua (300 $mg.kg^{-1}$). Además, el efecto de la dieta AS-HCQ y AS-HCQ-extracto en la fisiología del epitelio yeyunal fue estudiado ex vivo por medio del equipo "Cámaras Ussing". El experimento incluyó 400 lechones destetados a 28 +/– 2 días de edad y el período experimental fue de 4 semanas. Los lechones fueron pesados inicialmente y finalmente registrado el consumo de alimento. Los estudios ex vivo fueron llevados a cabo con epitelio de 40 cerdos que recibieron el control o la AS-HCQ. El epitelio de cada cerdo fue colocado en ocho "Cámaras Ussing" donde las concentraciones de las cuatro AS-HCQ extracto fueron colocadas. La permeabilidad epitelial, Na ± dependencia del transporte de glucosa, serotonina (5-HT)

y la inducción a la secreción de teofilina, fueron medidos. Los resultados muestran que HCQ no tiene ninguna influencia sobre el crecimiento de los lechones ($p = 0,41$) o el consumo de alimento ($p = 0,17$). A pesar de la larga diferencia del contenido de saponina entre el AS-HCQ y DK-HCQ (28,7 y 2,7% w/w respectivamente), la fuente no afectó el desempeño del cerdo. Los estudios ex vivo no han mostrado efectos ($p > 0,05$) de adición de HCQ-extracto en el medio. La permeabilidad y la absorción de la glucosa inducida fueron más altas ($p = 0,003$ y $p = 0,040$ respectivamente) en el epitelio de los cerdos que consumieron 100 mg ó 300 mg.kg^{-1}de AS-HCQ. La respuesta secretora de 5-HT no se vio afectada ($p = 0,59$) por los tratamientos dietéticos, pero la secreción de teofilina inducida disminuyó ($p = 0,02$) con el aumento de la dieta AS-HCQ. Los cambios en la fisiología del epitelio medidos ex vivo no afectó al rendimiento de los animales en vivo en este estudio.

Verza et al. (2012) evaluaron la actividad adyuvante de las saponinas de *Chenopodium quinoa* (quinoa) en la respuesta humoral e inmunidad celular de ratones inmunizados vía subcutánea con ovoalbúmina (OVA). Dos fracciones de saponina de quinua fueron obtenidas, FQ70 y FQ90, y 10 saponinas fueron determinadas por UPLC/Q-TOF-MS. La inmunización vía sub cutánea con OVA solo o con adyuvante A (adyuvante de control), FQ70 o FQ90. FQ70 y FQ90 mejorando significativamente la cantidad de anti-OVA anticuerpos específicos en suero (IgG, IgG1, and IgG2b) en ratones inmunizados. El efecto del adyuvante de FQ70 fue significativamente mayor que la de FQ90; sin embargo, el tipo de retraso de hipersensibilidad retardada fue mayor en ratones inmunizados con OVA con adyuvante FQ90 que los ratones tratados con FQ70. Concavalina A (Con A), liposacárido, y OVA estimulada por la proliferación de esplenocitos fueron medidos y FQ90 mejorando significativamente la Con A inducida por la proliferación de esplenocitos. Los resultados suigieren que las dos fracciones de saponinas de quinua aumentaron significativamente la producción de humoral y la respuesta de las células inmunes a OVA en ratones.

Stikic et al. (2012) reportan que en el año 2009 fue conducido un ensayo para evaluar el potencial del cultivo de la quinua bajo las condiciones climáticas del sur este de Europa. Incluso en condiciones de secano y sin fertilización, un rendimiento de 1,721 t.ha^{-1} fue obtenido. La calidad de semillas fue notablemente buena, con contenidos de proteína que variaron entre 15,16 a 17,41% en una base de peso seco, dependiendo si las semillas fueron procesadas. Aminoácidos y la composición mineral reveló el potencial de las semillas de quinua como un ingrediente valioso en la preparación de alimentos muy nutritivos. Las semillas de quinua

tienen el mayor contenido de aminoácidos esenciales, especialmente lisina, respecto a la harina de trigo. Semillas descascaradas de quinua, desprovistas de saponinas, se incluyeron en las formulaciones de pan de trigo, con hasta 20%, lo que resultó en un efecto positivo sobre las características reológicas de la masa. Además, el contenido de proteína en el pan se incrementó alrededor de 2%, las características sensoriales fueron excelentes también en el nivel de suplementación del 20%. El estudio de pan suplementado con quinua podría permitir el desarrollo de una gama de nuevos productos de panadería con mayor valor nutritivo.

Kolano et al. (2012) realizaron la evaluación del alcance y la importancia de la variación intraespecífica del tamaño del genoma de quinua, para lo cual usaron la técnica de citometría de flujo, con yoduro de propidio como marcador de DNA, este estudio fue desarrollado en 20 accesiones de quinua provenientes de Ecuador, Perú, Bolivia, Argentina, Chile y los EEUU. Fue detectada una variación limitada del tamaño del genoma entre las accesiones analizadas. Estas diferencias fueron estadísticamente significativas pero la máxima diferencia inter-accesión entre las poblaciones con el mayor y el menor genoma alcanzó solo 5,9%. El genoma más grande fue encontrado en la población C4 de Chile (promedio de 3,077 pg/2C) y el más pequeño en la población peruana P2 (medias 2,905 pg/2C). La variación no fue correlacionada con el lugar de colección, sin embargo, las accesiones de quinua analizadas en este estudio pertenecían a tres distintos grupos geográficos: el norte de las tierras altas, tierras altas y bajas del sur.

Evaluación de residuos de pesticidas en quinua

La importancia de los pesticidas en los sistemas de producción agrícolas convencionales es indiscutible, una vez que constituyen parte de los insumos básicos. Entre tanto, es fundamental que estos productos sean adecuadamente utilizados para que sea preservada la calidad de los productos cosechados (Aysal et al., 2007; Lesueur et al., 2008; Nguyen et al., 2008). Los órganos gubernamentales establecen límites máximos de residuos (LMRs) para proteger el ambiente y principalmente la salud de los consumidores (Regulation (EC) nº 396/2005). Estas determinaciones son realizadas en laboratorios especializados para este fin, utilizando métodos de análisis validados (European Commission, 2012; Instituto Nacional de Metrologia – Inmetro, 2012).

Los contaminantes orgánicos persistentes (POPs) y pesticidas (DDT, aldrin, dieldrin, heptacloro, hexaclorobenzeno (HCB) y toxafeno) son substancias químicas que persisten en el ambiente, acumulándose en

concentraciones altas en el tejido adiposo y son biomagnificadas en la cadena alimentaria. Consecuentemente constituyen serios riesgos a los ecosistemas, a los vertebrados y a la salud humana (Programa de las Naciones Unidas para el Medio Ambiente, 2002). Según Arica et al. (2006) los compuestos organoclorados pueden estar presentes en suelos donde fueron aplicados muchos años atrás, esto se debe a la estabilidad de los mismos que limita su degradación (Programa de las Naciones Unidas para el Medio Ambiente, 2002).

Durante la última década, fueron realizados estudios en el Perú relacionados al uso e impacto de pesticidas en el ambiente y en la salud humana. En uno de esos estudios, la Red de Acción sobre Alternativa al uso de Agrotóxicos (RAAA) concluye que en los departamentos de Huancayo y San Martin, insecticidas y fungicidas son aplicados indiscriminadamente, lo que llevó al aparecimiento de nuevas plagas (Gomero, 2003). Más allá de eso, este estudio concluye que agrotóxicos alta y extremadamente tóxicos, basados en compuestos organofosforados y carbamatos son usados con frecuencia, causando riesgos para la salud humana y el ambiente. El estudio también demostró que la mayoría de agricultores no toma medidas de protección individual por falta de información.

En la literatura de carácter científica no existían trabajos relacionados a la evaluación de residuos de agrotóxicos en quinua. Sin embargo, a partir de un proyecto integral de investigación realizado en coordinación con el Cena/USP (Centro de Energía Nuclear na Agricultura de la Universidade de São Paulo), con el soporte financiero de Fapesp (Fundação para o Amparo da Pesquisa no Estado de São Paulo), Capes (Coordenação de Aperfeiçoamento de Pessoal de Nível Superior), CNPq (Conselho Nacional de Desenvolvimento Científico e Tecnológico), todas ellas del Brasil, y la colaboración del Cirnma (Centro de Investigación de Recursos Naturales y Medio Ambiente), fueron desarrollados trabajos para adaptar y validar un método para análisis de residuos de agrotóxicos en quinua; resultados que son inéditos y parte de ellos son presentados a continuación.

Vilca et al. (2012) evaluó el efecto del tamaño de las partículas de los granos de quinua en el proceso de validación del método QuEChERS propuesto por Anastassiades et al. (2003) para análisis de residuos de siete pesticidas (clorotalonil, heptacloro, captan, alfa endosulfan, dieldrin, beta endosulfan y sulfato de endosulfan). Fueron evaluados tres tipos de molido de granos (M1, M2 y M3), siendo que para M1 fue usado un sistema de molido con procesador de alimentos y para M2 y M3 dos series de molido criogénicos fueron usados. Los análisis fueron realizados en un sistema cromatográfico a gas acoplado a un detector de captura de electrones. El autor reporta una buena separación cromatográfica con un tiempo total

de análisis de 12 minutos. El método QuEChERS fue ajustado cambiando el tipo de disolvente por acetato de etilo y 1% de ácido acético glacial usado para el proceso de extracción de los analitos. De acuerdo con los resultados, la sensibilidad del método QuEChERS fue influenciado por el tamaño de partícula, mostrando un incremento del efecto matriz para cuatro de los siete compuestos estudiados y el tamaño de partícula de 10 μm logrados en los dos tipos de molido criogénico mejora los porcentajes de recuperación del método.

Vilca y Tornisielo (2012) realizaron una evaluación de residuos de pesticidas organoclorados (α-BHC, β-BHC, heptacloro, dicofol, endosulfan lacton, o,p'-DDD, α-endosulfan, o,p'-DDE, p,p'-DDE, β-endosulfan, p,p'-DDD, endosulfan sulfato) en 37 muestras procedentes de la cosecha 2010-2011 de Puno-Perú, muestras que pertenecen a los sistemas de producción orgánico, transitorio y convencional. El método de extracción QuEChERS fue ajustado y validado para ser usado con un sistema cromatográfico a gas acoplado a un detector de captura de electrones (CG-ECD) El método fue validado usando una muestra de quinua sin residuos de pesticidas usado como blanco de matriz, fue fortificado a 0,01 e 0,10 $mg.kg^{-1}$, siendo que las recuperaciones medias fueron de 55,5 a 121,3%, respectivamente, con DPR < 19%. El método fue lineal $r^2 \geq 0,99$. Los resultados obtenidos indican que el método es sensible, con Límites de Cuantificación (LCs de 0,001 a 0,01 $mg.kg^{-1}$).

El autor concluye que el método QuEChERS usando un sistema CG-ECD es una alternativa para la determinación de residuos de pesticidas organoclorados en quinua. Por otro lado, una muestra proveniente del sistema de producción orgánico, proveniente de Cabanillas, de la variedad Salcedo Inia, presenta contaminación por cuatro pesticidas (o,p'-DDE con 0,015 $mg.kg^{-1}$, p,p'-DDE 0,032 $mg.kg^{-1}$, p,p'-DDD 0,089 $mg.kg^{-1}$ y endosulfan sulfato con 0,034 $mg.kg^{-1}$). Estos resultados muestran la necesidad de establecer nuevos criterios para la certificación orgánica.

Vilca (2012) reporta que el método de análisis multiresíduo QuEChERS fue ajustado y validado para la determinación de 46 agrotóxicos en 37 muestras de quinua procedentes de la cosecha 2010-2011 de Puno-Perú. El método está basado en la extracción usando acetonitrila 1% ácido acético con $MgSO_4$ y CH_3COONa anhidro seguido de un *clean up* por dispersión de la fase sólida (dSPE) con absorvente PSA. Los análisis fueron realizados en un sistema cromatográfico de fase liquida acoplado a un espectrómetro de masas LC-MS/MS utilizando una columna C-18 150 mm × 2,1 × 3,5 μm. Fue utilizado agua (A) e acetonitrila (B) 0,1% acido fórmico, respectivamente, como fase móvil. El método fue validado

usando una muestra de quinua sin residuos de agrotóxicos, usado como blanco. Fue fortificado a 0,01 e 0,10 $mg.kg^{-1}$, las recuperaciones medias variaron entre 31,6 a 125,1% con RSD% $\leq$ 23. El método presentó linealidad de $r^2 \geq 0,99$ y los Límites de Cuantificación (LOC) variaron entre 0,001 a 0,010 $mg.kg^{-1}$. Los resultados indican que el método es sensible y no existe efecto matriz, puede concluirse que el método QuEChERS utilizando LC-MS/MS es una alternativa para determinar residuos de agrotóxicos en quinua. Ninguna de las 37 muestras analizadas mostró presencia de residuos de agrotóxicos; en la práctica, éste método puede valorar la producción orgánica con análisis más confiables para la determinación de residuos.

Consideraciones con relación a residuos de agrotóxicos en quinua

En los recientes trabajos realizados en Brasil, para la determinación de residuos de agrotóxicos en quinua, se puede concluir que actualmente se cuenta con métodos validados y adaptados para la determinación de diferentes tipos de agrotóxicos los cuales son: acetamiprido, aldicarb, atrazina, azoxistrobina, benalaxil, bromacila, bromuconazol, buprofezina, carbaril, carbofurano, cimoxanil, ciproconazol, diclorvos, diflubenzurom, dimetoato, diurom, fenamifos, fenarimol, fenoxicarb, fipronil, flazassulfurom, imidacloprido, iprodiona, linurom, malation, metamidofos, metiocarb, metribuzim, monocrotofos, monurom, oxamil, pirimetanil, pirimicarb, pirimifos-metil, procloraz, prometrina, tebuconazol, tiabendazol, tiacloprido, tiametoxam, triadimenol, triazofos, α-BHC, β-BHC, heptacloro, dicofol, endosulfan lacton, o,p'-DDD, α-endosulfan, o,p'-DDE, p,p'-DDE, β-endosulfan, p,p'-DDD, endosulfan sulfato. Los resultados finales con todos los datos de validación se encuentra en proceso de preparación para su publicación en revistas científicas.

De los resultados obtenidos de residuos de organoclorados en algunas muestras de quinua, se sugiere realizar estudios de residuos de estos compuestos en muestras de suelo, ya que existe la evidencia de que estos compuestos podrían estar siendo reabsorbidos por las plantas de quinua; es de suma importancia considerar este tipo de análisis en áreas donde se pretende dar inicio a sistemas de producción orgánico, para poder evitar posibles contaminaciones indeseadas, que podrían afectar el mercado ya ganado y en una creciente expansión para este producto.

Tabla 3. Artículos más citados en la web of knowledge durante el periodo del 2000 al 28 de junio 2012.

Autores	Título del artículo	Nombre de la revista e identicación del artículo	Número de citaciones Web of Knowledge al 28/06/2012
Sparg, S. G.; Light, M. E.; Staden, J. V.	Biological activities and distribution of plant saponins	*Journal of Ethnopharmacology* 94, 2004, p. 219-43	217
Vilche, C.; Gely, M.; Santalla, E.	Physical properties of quinoa seeds	*Biosystems Engineering* 86, 2003 (1): 59-65	53
Repo-Carrasco, R.; Espinoza, C.; Jacobsen, S. E.	Nutritional value and use of the Andean crops quinoa (*Chenopodium quinoa*) and kañiwa (*Chenopodium pallidicaule*)	*Food Reviews International* 19, 2003, n. 1-2, p. 99-109	41
Jensen, C. R.; Jacobsen, S. E.; Andersen, M. N.; Núñez, N.; Andersen S. D.; Rasmussen, L.; Mogensen, V. O.	Leaf gas exchange and water relation characteristics of field quinoa (*Chenopodium quinoa* Willd.) during soil drying	*European Journal of Agronomy* 13, 2000, p. 11-25	40
Bhargava, A.; Shukla, S.; Ohri, D.	*Chenopodium quinoa* – An Indian perspective	*Industrial Crops and Produsts* 23, 2006, p. 73-87	39
Woldemichael, G. M.; Wink, M.	Identification and biological activities of triterpenoid saponins from *Chenopodium quinoa*	*J. Agric. Food Chem.* 49, 2001, p. 2.327-32	38
Jacobsen, S. E.; Mujica, A.; Jensen, C. R.	The resistance of quinoa (*Chenopodium quinoa* Willd.) to adverse abiotic factors	*Food Reviews International* 19, 2003, p. 99-109	36
Madl, T.; Sterk, H.; Mittelbach, M.	Tandem mass spectrometric analysis of a complex triterpene saponin mixture of *Chenopodium quinoa*	*J. Am. Soc. Mass. Spectrom* 17, 2006, p. 795-806	29

Continua

Autores	Título del artículo	Nombre de la revista e identicación del artículo	Número de citaciones Web of Knowledge al 28/06/2012
Jubete, L. H.; Wijngaarda, H.; Arendt, E. K.; Gallaghera, E.	Polyphenol composition and *in vitro* antioxidant activity of amaranth, quinoa buckwheat and wheat as affected by sprouting and baking	*Food Chemistry* 119, 2010, p. 770-8	27
Bertero, H. D.; Dela Veja, A. J.; Correa, G.; Jacobsen, E. S.; Mujica, A.	Genotype and genotype-by-environment interaction effects for grain yield and grain size of quinoa (*Chenopodium quinoa* Willd.) as revealed by pattem analysis of international multi-environment trials	*Field Crops Research* 89, 2004, p. 299-318	26
Winkel, T.; Methy, M.; Thenot, F.	Radiation use efficiency, chlorophyll fluorescense, and reflectance indices associated with ontogenic changes in water-limited *Chenopodium quinoa* leaves	*Photosynthetica* 40, 2002 (2): 227-32	24
Garcia, M.; Dirk Raesb, D.; Jacobsenc, S. E.	Evapotranspiration analysis and irrigation requirements of quinoa (*Chenopodium quinoa*) in the Bolivian highlands	*Agricultural Water Management* 60, 2003, p. 119-34	23
Dini, I.; Schettino, O.; Simioli, T.; Dini, A.	Studies on the constituents of *Chenopodium quinoa* seeds: isolation and characterization of new triterpene saponins	*J. Agric. Food Chem.* 49, 2001, p. 741-6	22

Artículos más citados en la mayor base científica Web of Knowledge (2000-2012)

En la Tabla 3 son listados los trabajos más citados relacionados al cultivo de quinua durante el periodo de 2000 hasta el 28 de junio del 2012, siendo que esta información fue generada tomando en consideración el reporte que es relatado por esta base científica. Es posible apreciar una amplia gama de trabajos, los cuales según la comunidad científica son considerados muy importantes, motivo por el cual fueron citados varias veces por otros trabajos, existiendo desde 217 citas en un solo trabajo, hasta un mínimo de 22.

Consideraciones finales

Los avances científicos realizados en quinua son variados y se espera mucho más debido a que esté cultivo se está tornando muy importante para la dieta de muchas poblaciones en el mundo. Se ha podido apreciar que los avances no solamente están limitados a lo que comúnmente los libros en quinua presentan, sino que se aprecia un interés de la comunidad científica en querer aprovechar cada vez más las propiedades de este grano y sus sub productos, tal es caso de las saponinas contenidas en las cáscaras o perisperma de los granos. Por otro lado, con el complemento del desarrollo y validación de métodos de análisis de residuos de agrotóxicos en éste cultivo, se podrá garantizar un material saludable y de fácil comercialización en el mundo.

Referencias bibliográficas

AGRONOTICIAS, 2012. Disponível em: <http://www.fao.org/agronoticias/agro-noticias/detalle/es/?dyna_fef%5Buid%5D=119288>. Acesso em: 11 abr. 2012

ANASTASSIADES, M. et al. Fast and easy multiresidue method employing acetonitrile extraction/partitioning and "dispersive solid-phase extraction" for the determination of pesticide residues in produce. **Journal of AOAC International**, v. 86, n. 2, p. 412-31, 2003.

ARICA, D. et al. **Persistent organic pollutants and hazardous pesticides in Andean farming communities in Peru:** project implemented by The Internacional Potato Center (CIP) funded by the Canada POPs Fund World Bank, Lima, 2006. Disponível em: <http://www.spipm.cgiar.org/c/document_library/get_file?p_l_id=17828&folderId=18430&name=DLFE-78.pdf>. Acesso em: 20 dez. 2011.

AYSAL, P. et al. Validation of an efficient method for the determination of pesticides residues in fruits and vegetables using ethyl acetate for extraction. **Journal of Environmental Science and Health, Part B**, New York, v. 42, n. 5, p. 481-90, 2007.

BURRIEZA, H. P. et al. High salinity induces dehydrin accumulation in *Chenopodium quinoa* Willd. cv. Hualhuas embryos. **Plant Soil,** v. 354, p. 69-79, 2012.

CARLSON, D. et al. Effects of quinoa hull meal on piglet performance and intestinal epithelial physiology. **Journal of Animal Physiology and Animal Nutrition**, v. 96, n. 198, p. 205, 2012.

DINI, I.; TENORE, G. C.; DINI, A. Oleanane saponins in "kancolla", a sweet variety of *Chenopodium quinoa*. **Journal of Natural Products,** Ohio, v. 65, n. 7, p. 1.023-6, 2002.

______. Nutritional and antinutritional composition of Kancolla seeds: an interesting and underexploited andine food plant. **Food Chemistry**, Barking, v. 92, n. 1, p. 125-32, 2005.

EUROPEAN COMMISSION. Guidance document on pesticide residue analytical methods, 2012. Sanco/12.495/2011, p. 1-40.

FAOSTAT - Food and Agriculture Organization of the United Nations, 2012. Disponível em: <http://faostat.fao.org/site/567/default.aspx#ancor>. Acesso em: 11 abr. 2012.

GALWEY, N. W. et al. Chemical composition and nutritional characteristics of quinoa (*Chenopodium quinoa* Willd.). **Food Sciences and Nutrition**, Basingstoke, v. 42F, n. 4, p. 245-61, 1990.

GOMERO, L. **Diagnóstico de plaguicidas y salud en los corredores económicos de Jaen, Tarapoto y Huancayo:** estudio solicitado por CRS/Caritas, Peru, Lima, 2003. 100p.

GOMEZ-CARAVACA, A. M. et al. Phenolic compounds and saponins in quinoa samples (*Chenopodium quinoa* Willd.) grown under different saline and nonsaline irrigation regimens. **J. Agric. Food Chem.**, v. 60, p. 4.620-7, 2012.

INSTITUTO NACIONAL DE METROLOGIA. Orientação sobre validação de métodos de ensaios químicos: DOQ-CGCRE-008 – Revisão 03, 2010. 20p. Disponível em: <http://www.inmetro.gov.br/Sidoq/Arquivos/CGCRE/DOQ/DOQ-CGCRE-8_03.pdf>. Acesso em: 25 jan. 2012.

JACOBSEN, S. E. et al. The worldwide potential of quinoa (*Chenopodium quinoa* Willd.). **Food Reviews International**, v. 19, p. 167 e 177, 2003.

JUBETE, A. L.; ARENDT, E. K.; GALLAGHER, E. Nutritive value and chemical composition of pseudocereals as gluten-free ingredients. **International Journal of Food Sciences and Nutrition**, v. 60 (S4): p. 240-57, 2009.

KOLANO, B. et al. Genome size variation in *Chenopodium quinoa* (Chenopodiaceae). **Plant Syst. Evol.**, v. 298, p. 251-5.

KUMPUN, S. et al. Ecdysteroids from *Chenopodium quinoa* Willd., an ancient Andean crop of high nutritional value. **Food Chemistry**, Barking, v. 125, n. 4, p. 1.226-34, 2011.

LESUEUR, C. et al. Analysis of 140 pesticides from conventional farming foodstuff samples after extraction with the modified QuEChERS method. **Food Control**, Vurrey, v. 19, n. 9, p. 906-14, 2008.

NGUYEN, T. D. et al. A multiresidue method for the determination of 109 pesticides in rice using the Quick Easy Cheap Effective Rugged and Safe (QuEChERS) sample preparation method and gas chromatography/mass spectrometry with temperature control and vacuum concentration. **Rapid Communications in Mass Spectrometry**, Chichester, v. 21, n. 18, p. 3.115-22, 2007.

PROGRAMA DE LAS NACIONES UNIDAS PARA EL MEDIO AMBIENTE. **Evaluación regional sobre sustancias tóxicas persistentes:** informe regional de Sudamérica oriental y occidental. Genebra, Suíça, 2002. 79p.

RAYNER, M. et al. Quinoa starch granules: a candidate for stabilizing food-grade pickering emulsions. **J. Sci. Food Agric.**, v. 92, p. 1.841-7, 2012.

RAZZAGHI, F. et al. Effect of nitrogen and water availability of three soil types on yield, radiation use efficiency and evapotranspiration in field-grown quinoa. **Agricultural Water Management**, v. 109, p. 20-9, 2012.

REGULATION (EC) n. 396/2005 of The European Parliament and of The Council of 23 February 2005 on Maximum Residue Levels of Pesticides in or on Food and Feed of Plant and Animal Origin and Amending Council Directive 91/414/EEC, Off. J. Eur. Communities L70/1, 16.3.2005. Disponível em: <http://ec.europa.eu/sanco_pesticides/public/index.cfm>. Acesso em: 29 out. 2011.

REPO-CARRASCO, R.; ESPINOZA, C.; JACOBSEN, S. E. Nutritional value and use of the Andean crops quinoa (*Chenopodium quinoa*) and Kañiiwa (*Chenopodium pallidicaule*). **Food Reviews International**, Filadélfia, v. 19, n. 1-2, p. 179-89, 2003.

STIKIC, R. et al. Agronomical and nutritional evaluation of quinoa seeds (*Chenopodium quinoa* Willd.) as an ingredient in bread formulations. **Journal of Cereal Science**, v. 55, p. 132-8, 2012.

VERZA, S. G. et al. Immunoadjuvant activity, toxicity assays, and determination by UPLC/Q-TOF-MS of triterpenic saponins from *Chenopodium quinoa* Seeds. **J. Agric. Food Chem.**, v. 60, p. 3.113-8, 2012.

VILCA, F. Z. **Validação de método de análises multirresíduo para determinação de pesticidas em morango (*Fragaria ananassa* Duch) e quinoa (*Chenopodium quinoa* Willd.) por técnicas cromatográficas CG-ECD e LC-MS/MS/Franz Zirena Vilca.** Piracicaba, 2012. 104p. Tese (doutorado em Ciências).

VILCA, F. Z.; TORNISIELO, V. L. QuEChERS for analysis of organochlorine pesticides residues in quinoa (*Chenopodium quinoa* Willd.) with GC-μECD. In: III CONFERÊNCIA NACIONAL SOBRE DEFESA AGROPECUÁRIA. Defesa agropecuária: responsabilidade compartilhada. **Libro de resúmenes.** Disponível em: <http://api.ning.com/files/hEH41aulWoj9DNaeFh6qv0ljeiIAtNeGATNWj44JhPvVzXqR-j4XtFYFFQSB6Thuefs5Mw43wWUMhVd8vUzBmpRqgVhUhbhpJ/ANAISIIICNDA.pdf>. Acesso em: 15 maio 2012.

VILCA, F. Z. et al. Effect of the particle size of quinoa sample (*Chenopodium quinoa* Willd.) on the QuEChERS method validation for seven pesticides using GC-ECD. **Br. J. Anal. Chem.**, v. 8, p. 352-7, 2012.

2

Fertilidad del suelo y abonamiento

Rafael Marques Pereira Leal[1]

Introducción

En este capítulo, las informaciones presentadas sobre abonamiento de quinua buscan priorizar el conocimiento sobre el asunto construido con base en experimentación científica, o sea, aquel obtenido de forma metódica y rigurosa. Para tal, fueron utilizados mayoritariamente informaciones de artículos científicos publicados en las principales bases de datos disponibles (ISS, Scielo y Scopus). Entre tanto, aún existen muchas lagunas en el conocimiento sobre el asunto, siendo que en muchos casos las prácticas de abonamiento reflejan las costumbres y experiencias locales, no necesariamente embasadas en investigaciones científicas de-

1. Instituto Federal Goiano, Campus Rio Verde. Rodovia Sul Goiana, km 01, Zona Rural, Rio Verde, GO, Brasil. Caixa Postal 66, Cep 75901-970, Rio Verde, GO, Brasil. fielpira@yahoo.com.br

talladas. Por ésta razón, informaciones de otras fuentes, como libros, tesis y páginas web especializadas, también fueron incluidos, en la medida en que fueron considerados correctos y útiles a los principios de éste trabajo. La principal intensión es presentar lo más fundamental que existe sobre este asunto, discutiendo aún algunas de las necesidades futuras para que el conocimiento en el área pueda avanzar y beneficiar a los principales países productores.

Importancia de la fertilidad del suelo y abonamiento

Un suelo fértil puede ser considerado como aquel que contiene los nutrientes esenciales en cantidades adecuadas y balanceadas, tornando posible el desarrollo normal de los cultivos agrícolas. La presencia de nutrientes disponibles es un aspecto esencial para la garantía de la calidad y productividad de un suelo. Uno de los principales factores, generalmente involucrado en la baja fertilidad de los suelos, es el agotamiento de nutrientes resultante de la extracción por los cultivos en cantidades mayores que las adiciones vía abonamiento, proceso este que puede ser fácilmente revertido a través del abonamiento, sea éste orgánico o mineral, debiendo ser llevado en consideración el análisis del suelo y/o de la planta (Lopes & Guilherme, 2007).

Otro problema importante ligado a la fertilidad del suelo es la pérdida de nutrientes en el proceso erosivo, reduciendo la cobertura vegetal que el suelo es capaz de sustentar, siendo este uno de los mayores problemas responsables por la degradación del suelo en todo el mundo, proceso que muchas veces representa un daño de difícil recuperación, originando la pérdida permanente de la capacidad productiva del suelo. En este sentido, un importante indicador de la calidad del suelo consiste en la incorporación e incremento de los contenidos de materia orgánica del suelo, toda vez que ésta influencia una amplia gama de procesos físicos, químicos y biológicos que desempeñan, en su conjunto, un papel de fundamental importancia para el mantenimiento del suelo y del agroecosistema productivo (Lopes & Guilherme, 2007).

En el caso de la quinua, Jacobsen (2011) relata que en el sur de Bolivia uno de los principales problemas actualmente enfrentados está relacionado a la degradación de la fertilidad del suelo que viene ocurriendo en razón de prácticas no sustentables de uso de la tierra, especialmente por la intensificación de la producción y menor uso de estiércol de animales. Este ejemplo ilustra con mucha claridad el hecho de que la utilización de correctivos y fertilizantes en cantidades adecuadas es una de las prácticas agronómicas más importantes en la búsqueda por una agricultura que

permita conciliar altas productividades en las áreas ya cultivadas con una disminución de la presión por la incorporación de nuevas área de producción, ayudando en la preservación de los recursos naturales y del medio ambiente. Sean los nutrientes oriundos de los contenidos naturales de los suelos, provistos por fertilizantes minerales o disponibles por el reciclaje de residuos orgánicos, no se puede escapar a la necesidad imperiosa de proveer nutrientes para el mantenimiento de las cosechas y la obtención de buenas productividades (Raij, 2011).

Consideraciones generales sobre el abonamiento de quinua

La quinua es un cultivo que se encuentra en amplio proceso de expansión, tanto en las zonas tradicionales de cultivo, como en otras regiones, debido a sus características benéficas: alto valor nutritivo de sus granos, multiplicidad de sus usos y amplia adaptabilidad a condiciones variadas de clima y de suelo (FAO, 2011).

Se sabe que el cultivo se adapta bien a una amplia variedad de suelos y condiciones ambientales, tolerando bien variaciones de pH, suelos salinos y climas fríos y secos (Hancco, 2003; Vega-Gálvez et al., 2010). Con relación a la variación de pH de los suelos cultivados, aceptables productividades han sido posibles tanto en condiciones alcalinas (pH = 9,0 en los salares bolivianos y peruanos), como en condiciones de suelos muy fuertemente ácidos (pH = 4,5, Cajamarca-Perú), siendo ideales los valores próximos a la neutralidad, aunque es importante considerar que diferentes genotipos se adaptan mejor a diferentes condiciones de pH (Mujica et al., 2001).

En muchas áreas de cultivo tradicionales, la productividad obtenida suele ser baja en relación al potencial del cultivo (Mujica et al., 2003), por lo tanto en esas áreas el abonamiento es una de las prácticas que más puede contribuir para un aumento sustentable en la producción del cultivo, disminuyendo la necesidad de expandir el cultivo para nuevas áreas de producción. Por ejemplo, en el Perú, la productividad media del cultivo fue de 678 $kg.ha^{-1}$ entre los años 1980 y 1998, en razón a los que experimentos conducidos por el Instituto Nacional de Investigación Agraria (Inia-Perú) obtuvieron una productividad potencial de hasta 6 t ha^{-1} (Mujica et al., 2003). De manera similar en Bolivia, otro importante productor mundial de quinua, en cuanto a las áreas de producción están continuamente expandiéndose en años recientes, las productividades medias obtenidas aún son bajas, variando entre 570-700 $kg.ha^{-1}$ (Jacobsen, 2011). La enorme diferencia entre la productividad actual y la potencial en la región andina ilustra las amplias posibilidades de aumento de la

producción del cultivo a través del aumento de la productividad. Entre tanto, estos aumentos dependen del uso de prácticas adecuadas, en especial al uso de variedades mejoradas, semillas de alta calidad y prácticas agronómicas optimizadas, como por ejemplo el abonamiento (Mujica et al., 2003).

Es de suma importancia que las cantidades de nutrientes a ser aplicados sean definidas con base en los siguientes factores: contenido de nutrientes en el suelo a ser cultivado, lo que idealmente debe ser realizado a través de un análisis de suelo; rotación que fue empleada, de modo a conocer las entradas y salidas de nutrientes especificas del sistema de cultivo empleado y; el nivel de producción que se desea obtener, lo que determinará en último análisis los niveles de nutrientes a ser extraídos y exportados con la cosecha.

Abonamiento en los paises de América del Sur

En la región andina generalmente se cultiva la quinua en sucesión a la papa. Ésta situación generalmente favorece a la quinua en lo que respecta al aporte de nutrientes y materia orgánica residual del cultivo de papa, disminuyendo las necesidades de abonamiento (Vega-Gálvez et al., 2010). Entre tanto, cuando se siembra la quinua en sucesión a una gramínea, se efectúa generalmente la aplicación de una fuente de materia orgánica (~ 3 ton ha^{-1}) y abonamiento mineral con la fórmula 80-40-00, correspondiendo a 174 $kg.ha^{-1}$de urea (46% de N) y 88 $kg.ha^{-1}$ de superfosfato triple (46% de P_2O_5). No se aplica potasio en la siembra, pues en general hay una grande disponibilidad de este elemento en los suelos de la región andina (Mujica et al., 2001).

En los suelos más pobres, con reducidos contenidos de materia orgánica y de arcilla, por ejemplo en la región costera de los Andes, en que la disponibilidad de nutrientes es limitada, se recomienda la fórmula 240-200-80, correspondiendo a 523 $kg.ha^{-1}$ de urea, 435 $kg.ha^{-1}$ de superfosfato triple e 134 $kg.ha^{-1}$ de cloruro de potasio. Más allá de eso, se debe también efectuar una aplicación de estiércol animal, compost o humus, conforme a la disponibilidad local. Tanto el contenido cuanto a la taza de liberación de los nutrientes contenidos en estas fuentes son muy variables, dependiendo directamente del tipo de material e de las condiciones ambientales prevalecientes. En el caso de los estiércoles de animales, dependiendo del tipo, cerca de 20 a 30% del N orgánico será mineralizado en el primer año de aplicación, esperándose efectos residuales a un largo plazo cuando las aplicaciones constantes son hechas (Havlin et al., 2004).

En suelos más pobres, especial atención debe ser dada al fraccionamiento del abonamiento nitrogenado, pudiéndose dividir la aplicación en tres partes iguales, una al momento de la siembra, una en el aporque y la última en la floración, previniéndose perdidas de N vía volatilización e lixiviación de nitrato (Mujica et al., 2001).

Discutiendo sobre el cultivo de quinua en el altiplano peruano, Aguilar & Jacobsen (2003) afirman que los productores generalmente no aplican cualquier fuente de fertilizante, dependiendo tan solamente de los nutrientes residuales de los cultivos anteriores, que en general es la papa, cultivo de elevada demanda nutricional y por tanto requiere altas dosis de fertilizantes. Entre tanto, según los mismos autores, el cultivo responde positivamente a la adición de N y P, en cantidades medias de 80 $kg.ha^{-1}$, debiendo dividir la aplicación de fertilizante nitrogenado, una parte en la siembra y la otra parte en el inicio de la floración. Según Hancco et al. (2003) en la importante región productora de Puno, Perú, una fórmula muy utilizada en el abonamiento del cultivo es 80-40-00 $kg.ha^{-1}$ de N, P_2O_5 y K_2O, empleándose el nitrato de amonio y el superfosfato triple de calcio como fuentes de N y P, respectivamente. Más allá de esto, este autor también indica la aplicación de 3-5 $t.ha^{-1}$ de estiércol animal ya descompuesto (ovino).

En Chile la quinua es un cultivo aún poco difundido, con pocas informaciones disponibles sobre la producción de la planta o variedades mejoradas. Aún así, el cultivo viene ganando importancia en años recientes, con ensayos experimentales que demuestran un potencial de producción en el orden de 6.500 $kg.ha^{-1}$, con productividades en áreas comerciales en torno de 3.000 $kg.ha^{-1}$ (Delatorre-Herrera, 2003). En lo que se refiere a fertilización, un ensayo realizado con el cultivar "Yellow Tamarugal" evaluó el efecto de dos niveles de adición de N (30 y 60 $mg.L^{-1}$, aplicados vía irrigación por goteo) y tres de P (0, 100 y 200 $kg.ha^{-1}$) en la producción de este cultivar. Ambos elementos se aplicaron al momento de la siembra. Las mayores producciones de granos fueron obtenidas en los tratamientos con aplicación de N (30 ó 60 $mg.L^{-1}$) y con mayor dosis de P (200 $kg.ha^{-1}$).

En el Brasil, la introducción de quinua es reciente, siendo establecida desde 1990 como parte de los esfuerzos de institutos de investigación y desarrollo para diversificación de la producción en el Cerrado brasileño. Estos esfuerzos resultaron en la liberación del cultivar BRS Piabiru, el primer recomendado para la siembras en estas condiciones, con productividad media de 2,8 $t.ha^{-1}$ y 145 días entre la emergencia y la maduración, en el cultivo de entre zafra con irrigación. Con relación al abonamiento, se recomienda que el cultivo sea sembrado después de la soja o maíz, aprovechando los nutrientes residuales de estos cultivos, o entonces, de seguir un abonamiento basado en la composición de la planta: 60 $kg.ha^{-1}$

de P_2O_5,80 kg.ha^{-1} de K_2O e 60 kg.ha^{-1} de N, siendo 20 kg de éste último aplicados en la siembra juntamente con todo el fósforo y el potasio, y el restante después de 30-50 días de la emergencia de las plantas (Spehar & Santos, 2002). En otra región brasileña (Paraná), la productividad de la misma variedad de quinua sembrada en diferentes fechas varió de 493 a 1.884 kg.ha^{-1}, siendo que en todos los casos fue empleado un mismo abonamiento de base al momento de la siembra: 250 kg.ha^{-1} de la fórmula 08-20-20 (Vasconcelos et al., 2012).

En el Ecuador, experimentos conducidos por la empresa Latinreco demostraron que un abonamiento de siembra de 45 kg de N, 50 kg de P_2O_5 e 30 kg de K_2O fue satisfactorio. En el caso de N, se recomienda una segunda aplicación en la misma dosis (45 kg) entre 40-50 días después de la emergencia de las plantas. Los resultados de los ensayos conducidos en el Ecuador no proporcionan conclusiones definitivas sobre las dosis óptimas de abonamiento NPK (Alvarez & Rütte, 1990), lo que tiene que ver con la influencia de otros factores en el rendimiento de los granos, más allá de las diferencias en la fertilidad de los suelos empleados en estos ensayos.

También hay una falta de informaciones al respecto de la eficiencia y economía de manejo del abonamiento en lo que respecta a los modos de aplicación de los fertilizantes (lanzamiento o en líneas de siembra), localización (en superficie o en profundidad), épocas de aplicación y fraccionamiento de estas, más allá de las posibles estrategias alternativas como tratamiento de semillas y aplicación foliar.

Resultados de ensayos experimentales en otras regiones

En Dinamarca, el cultivar Titicaca fue sembrado en lisímetros de campo en suelos de diferentes clases texturales (franco-arcillo arenoso, franco-arenoso y arenoso), con el objetivo de evaluar la influencia de la textura del suelo en la respuesta del cultivo (productividad, eficiencia de uso de radiación y evapotranspiración) (Razzagui et al., 2012). A pesar de la aplicación de la misma cantidad de N en todas las parcelas experimentales (120 kg.ha^{-1}), fueron obtenidas diferencias significativas en la extracción de N conforme a la clase textural: 134 kg.ha^{-1} para franco-arcillo arenoso, 102 kg.ha^{-1} para franco-arenoso y 77 kg.ha^{-1} para arenoso, todos con irrigación. Suelos más arcillosos presentan mayores tasas de mineralización de N, más allá de favorecer la profundización del sistema radicular (Razzagui et al., 2012). La mayor absorción de N en los suelos más arcillosos proporcionó mayores tasas de absorción de radiación fotosintética activa, resultando por fin en mayores productividades (3,0 t.ha^{-1}) en comparación al suelo más arenoso (2,3 t.ha^{-1}).

En Italia, se evaluó la adecuación del cultivo de quinua a las condiciones climáticas del sur de ese país, cultivando genotipos (KV y RB) por dos años consecutivos (2006-2007). Con relación al abonamiento del cultivo, en cada parcela experimental, a cada año, fueron empleados 40 kg de P_2O_5 y de N en el momento de la siembra, y 40 kg de N antes del florecimiento. Los análisis de suelos antes del inicio del experimento mostraron que los niveles de K eran adecuados, dispensando la aplicación de éste. Las productividades obtenidas fueron buenas (1,90 a 3,28 $t.ha^{-1}$), mayores de lo aquellas que comúnmente son encontradas en las regiones tradicionales de cultivo en los Andes (0,3 a 1,3 $t.ha^{-1}$) (Pulvento et al., 2010).

En Alemania, en un estudio conducido con delineamiento experimental adecuado y evaluación estadística de los resultados, Erley et al. (2005) evaluaron la respuesta de la quinua al abonamiento nitrogenado (0,80 y 120 $kg.ha^{-1}$) y la eficiencia del uso de N por la misma. El cultivo respondió substancialmente a la aplicación de N con un aumento de 94% de productividad en los tratamientos con 120 $kg.ha^{-1}$ de N (3.495 $kg.ha^{-1}$) en comparación al control sin N (1.790 $kg.ha^{-1}$). Igualmente importante, la absorción de N por el cultivo en el tratamiento con 120 $kg.ha^{-1}$ de N fue el doble de la obtenida en los tratamientos sin N, demostrando que el N del fertilizante fue utilizado de forma eficiente para la producción de granos. Siendo así, en los niveles de N estudiados (0-120 $kg.ha^{-1}$) no hubo reducción en la eficiencia de utilización del N por el cultivo, siendo de 22,2 kg de granos por kg de N. Los índices de cosecha (proporción de biomasa total acumulada en los granos) no fueron afectados por el abonamiento nitrogenado (Erley et al., 2005). Una eficiencia de utilización alta es fundamental para garantizar que el N del fertilizante no vaya a ser perdido a través de procesos como la volatilización del amonio o la lixiviación del nitrato, procesos que pueden ocasionar serios problemas de contaminación ambiental.

Exigencia nutricional y recomendaciones prácticas

Composición Mineral de la Planta

La composición mineral relatada para el cultivo es bastante variado (Tabla 1), lo que a su vez es reflejo de las diferencias en las composiciones minerales de los suelos en las áreas de cultivo y/o de diferentes prácticas de abonamiento (Vega-Galvéz et al., 2010). Según Hancco (2003), la composición mineral de los granos es muy variable y depende de los siguientes factores: diferencias genotípicas, estado de maduración del cultivo, fertilidad del suelo y factores climáticos.

Tabla 1. Composición mineral de los granos de quinua (en $mg.kg^{-1}$).

Referencia	P	K	Ca	Mg	Fe	Zn	Cu	Mn
Vega-Galvéz et al. (2010)	1.400-5.300	75-12.000	275-1.487	260-5.020	14-168	27,5-48	2-51	–
Stikic et al. (2012)	2.400	9.052	4.500	1.500	49,63	18,70	2,89	19,43

En promedio, para un rendimiento esperado de 2,5 $t.ha^{-1}$ de granos, se exportan en torno de 50 kg de N, 6 kg de P, 80 kg de K, 33 kg de Ca, 20 de Mg, 0,6 de Fe, 0,2 de Mn y 0,07 de Zn (Spehar, 2007).

Nitrógeno

Según Alvarez y Rütte (1990) la quinua presenta buena respuesta al abonamiento nitrogenado, con una ganancia media de cerca de 16 kg de granos por kg de N aplicado. Según estos mismos autores la dosis media de nitrógeno en la mayoría de las áreas de producción es de 80 $kg.ha^{-1}$; además, las recomendaciones también coinciden en la forma de aplicación de N, siendo mitad aplicado a la siembra y el restante antes de la floración.

Se considera que en promedio la quinua necesita de 20 $kg.ha^{-1}$ de N por tonelada de granos que se espera producir. En condiciones donde no hay restricciones hídricas se puede utilizar de 40 a 60 $kg.ha^{-1}$ de N por tonelada de granos producidos, debiendo dividir esta aplicación con la mitad de la dosis a la siembra y la otra mitad 45 días después de la emergencia de las plantas. Es interesante el cultivo de la quinua en sucesión a una leguminosa, de modo que el residuo de N dejado por el cultivo anterior pueda suplir al menos parte de la demanda de N de la quinua (Spehar, 2007). En general, las leguminosas se descomponen rápidamente en razón de su baja relación C/N, siendo que la mayor parte del N abastecerá el estoque de N del suelo, incorporándose a la materia orgánica del suelo (Cantarella, 2007).

Fósforo

Según Alvarez y Rütte (1990) existen discrepancias en cuanto a las dosis de P recomendadas para el cultivo, sin embargo, de forma general se recomienda entre 40-80 $kg.ha^{-1}$. La demanda de fósforo es de 30 a 60 $kg.ha^{-1}$ (Spehar, 2007). En condiciones óptimas, cuando no se espera

estrés hídrico y la expectativa de rendimientos es alta, se aplica cerca de 60 kg, pero cuando las condiciones son desfavorables al máximo desarrollo de las plantas, se aplican dosis próximas a 30 $kg.ha^{-1}$ (Spehar, 2007). En las condiciones de Cerrado brasileño, predominan suelos muy intemperizados como los latosolos, generalmente pobres en P disponible y ricos en oxihidroxido de Fe y Al, compuestos responsables por una elevada retención de P en formas no disponibles. Ese aspecto (locales con presencia de suelos con alta capacidad natural de fijación de P) debe ser llevado en consideración en la recomendación de abonamiento fosfatado

Potasio

Para la obtención de elevados rendimientos, se utiliza en torno de 60 a 90 $kg.ha^{-1}$ de K_2O. Entre tanto en muchos casos no se incluye el K en las recomendaciones de abonamiento de quinua, pues no se ha encontrado respuesta del cultivo a la aplicación de éste elemento, lo que posiblemente refleja la ocurrencia natural de niveles adecuados de éste elemento en los suelos de las principales regiones productoras (Mujica et al., 2001).

Calcio y Magnesio

No hay informaciones disponibles sobre la aplicación de fuentes de calcio y de magnesio al cultivo, entre tanto, se sabe que extrae cantidades considerables de estos elementos (Mujica et al., 2001; Spehar, 2007). Cuando las cantidades de estos elementos no son suplidos por los cultivos de la rotación anterior, se puede considerar la provisión de estos a través de calcáreo con elevado poder de neutralización en la etapa de preparación del suelo, lo que sería especialmente válido en áreas con problemas de elevada acidez. En algunos casos, la aplicación de yeso puede ser interesante, pues más allá de aumentar los contenidos de calcio, éste actúa en la reducción de la saturación de aluminio en subsuelos ácidos, lo que permite que el sistema radicular explore un volumen mayor de suelo.

Micronutrientes

Los micronutrientes (B, Cl, Cu, Fe, Mn, Mo, Ni y Zn) son elementos esenciales al crecimiento de las plantas, pero son requeridos en cantidades menores a los llamados macronutrientes. Evaluaciones de deficiencia o exceso de micronutrientes pueden ser hechos a través de procedimientos como análisis de suelos y plantas, evaluación visual y conocimiento histórico del uso del área. Las deficiencias de micronutrientes están ganando importancia en los últimos años en función al desarrollo de culti-

vares altamente productivos, lo que a su vez resulta en mayor remoción de estos elementos (Abreu et al., 2007).

No existen informaciones disponibles a respecto del abonamiento con micronutrientes en el cultivo de quinua. Como las cantidades exportadas de estos elementos son bajas, deficiencias podrían ser esperadas apenas en áreas cultivadas con variedades altamente productivas. Considerando que esta no es realidad de la mayoría de las regiones productoras tradicionales, se puede afirmar que problemas con micronutrientes son pocos probables en el escenario actual, donde la demanda del cultivo está probablemente siendo suplida naturalmente por los residuos dejados o por la rotación de cultivo empleada.

Abonamiento con estiercol de animales: beneficio y aspectos del manejo

Hace milenios los estiércoles de animales son usados como fertilizantes en el abonamiento de cultivos (Kiehl, 1985). Cuando son empleados adecuadamente, ejercen diversas funciones benéficas: proporcionan macro y micronutrientes; actúan como correctivos, incrementando el poder tampón de los suelos y recudiendo la toxicidad del Al^{+3} en el caso de suelos ácidos; actúan como acondicionadores, incrementando los contenidos de carbono orgánico del suelo e incrementando la agregación de la estructura del suelo (Kiehl, 1985).

Entre tanto, la aplicación agrícola de estiércol de animales presenta también sus riesgos, por ejemplo: presencia de patógenos causadores de infecciones al hombre, diseminación de semillas de plantas invasoras de cultivo, acumulación de sales y, finalmente, aplicación desbalanceada de nutrientes que pueden lixiviar y tornarse contaminantes, como los nitratos y fosfatos (Pepper & Gerba, 2006). Recientemente, una serie de trabajos en la literatura (Martínez-Carballo et al., 2007; Karci & Balcioğlu, 2009; Leal et al., 2012) evidenció el potencial de contaminación de los suelos por residuos de antibióticos de uso veterinario. Estos contaminantes pueden estar presentes en los estiércoles de los animales en concentraciones significativas, habiendo relatos de hasta 1,42 $g.kg^{-1}$ en muestras de estiércol de gallinas en la China (Zhao et al., 2010). Esto se aplica especialmente en el caso de sistemas de crianza de animales intensiva, donde los antibióticos son usados en la prevención y tratamiento de enfermedades infecciosas. La presencia de estos compuestos (antibióticos de uso veterinario) en el ambiente puede impactar negativamente organismos acuáticos y terrestres, especialmente vía efectos crónicos, más allá de eso ejercer

posible influencia en el aumento de la resistencia de microorganismos a los agentes antibióticos (Kemper, 2008).

Siendo así, antes de utilizar estiércoles de animales para fines de abonamiento, idealmente sería importante saber: el contenido de nutrientes del material; las tasas de mineralización de los nutrientes presentes, especialmente del N; los contenidos de sales; las concentraciones y los tipos de elementos tóxicos presentes; época y modo de aplicación y, por fin; cantidad y tipo de semillas de plantas invasoras de cultivo presentes (Pepper & Gerba, 2006). Según Havlin et al. (2004) el aprovechamiento máximo por los cultivos de los nutrientes contenidos en los estiércoles de animales depende principalmente del contenido de nutrientes del material, de los métodos de aplicación y por fin, de la disponibilidad inmediata y residual de los nutrientes allí contenidos.

En cuanto a la composición química de los estiércoles, estos son bastante variables, dependiendo directamente de los factores como: el tipo de animal; la naturaleza y la composición de la alimentación recibida; el tipo y la cantidad de materiales usados como revestimiento (por ejemplo la cama usados para criar pollos); el contenido de humedad del material y por fin, de los métodos de colecta, almacenamiento y manipulación antes de la aplicación (Havlin et al., 2004). En general, los estiércoles de pollo y puercos poseen los contenidos más elevados de N y P que los estiércoles de ganado de carne o lechero. Igualmente, el estiércol de pollo es más rico en nutrientes que el de la cama de pollo en razón del efecto de dilución promovido por los materiales usados en el revestimiento de la cama, ricos en carbono (Miller & Miller, 1999).

De acuerdo con Diacono y Montemurro (2010), la utilización del material (estiércol animal) ya compostado es ventajosa en relación al estiércol fresco, habiendo: reducción del número de semillas de plantas invasoras de cultivo; disminución del tamaño de las partículas facilitando la distribución del material en el campo; mejora en la composición nutricional que se torna más disponible; estabilización de la materia orgánica presente; y liberación gradual de los nutrientes.

En la práctica, la información más importante a ser obtenida para la toma de decisión en cuanto a las dosis que serán aplicadas, es la composición química aproximada del material (contenido de nutrientes, valor correctivo y presencia de contaminantes). Los estiércoles pueden ser aplicados con diferentes objetivos: provisión de nutrientes, principalmente N y P; como agente correctivo, determinado por su equivalente en carbonato de calcio y; como acondicionador de suelo para incrementar los contenidos de carbono orgánico del suelo. En el primer y segundo caso, las

dosis específicas para ser aplicadas deben llevar en cuenta los contenidos de nutrientes disponibles y/o las cantidades de carbonato necesarias para alcanzar un determinado pH. En último caso, las dosis específicas son difíciles de ser definidas desde el punto de vista agronómico, debiendo por lo tanto ser conservadoras desde el punto de vista ambiental, evitando con eso pérdidas de nutrientes por volatilización o escorrentía (*runoff*) y/o los riesgos de contaminación de la capa freática (Miller & Miller, 1999). Después de ser aplicados los estiércoles deben ser incorporados cuanto antes al suelo, lo que evita malos olores, pérdidas por volatilización de amonio y pérdidas por escorrentía.

Necesidades futuras de investigaciones en el area

El abonamiento tiene por finalidad complementar la disponibilidad natural de nutrientes del suelo al cultivo. De ese modo, el manejo del abonamiento depende directamente de la disponibilidad natural de nutrientes en el suelo. Cuando en el suelo aún no se alcanzó los contenidos críticos al cultivo de cualquier nutriente será mayor la respuesta positiva a los nutrientes adicionados vía abonamiento. Por otro lado, cuando las condiciones del suelo son tales, de manera que la disponibilidad de nutrientes está encima del nivel crítico para aquel escenario, la probabilidad de respuesta económica del abonamiento será mucho menor, correspondiendo muchas veces apenas a la reposición de las cantidades exportadas por los cultivos (Ceretta et al., 2007).

La evaluación de la fertilidad del suelo envuelve, básicamente, procedimientos de muestreo, métodos de análisis, técnicas de diagnóstico de los resultados (análisis químicos de suelos y planta) y modelos de interpretación y de recomendación de correctivos y fertilizantes. El modelo más difundido actualmente utiliza el análisis del suelo como herramienta de diagnóstico de la fertilidad, identificando la clase de fertilidad que el suelo se encuentra (baja, media, alta, etc.), siendo la recomendación hecha con base en tablas de fertilización, fundamentadas en una expectativa de respuesta de cultivo (Cantarutti et al., 2007).

Para que un método de análisis de suelo pueda ser utilizado en la recomendación de abonamiento debe haber correlación entre los resultados analíticos de estos y las respuestas del cultivo a los nutrientes aplicados en los abonamientos, lo que es conocido como calibración del análisis del suelo (Raij, 2011). Siendo así, la calibración del método de análisis químico del suelo tiene por finalidad definir niveles críticos, clases de fertilidad y de disponibilidad de nutriente y dosis de nutrientes a ser aplicados (Cantarutti et al., 2007). Para eso, son necesarios experimentos

de campo donde estén presentes los factores que influyen en la fertilidad del suelo y en la nutrición del cultivo.

Con base en estos ensayos se define la respuesta del cultivo al incremento de la disponibilidad de nutrientes en el suelo, sirviendo de referencia para la interpretación de los resultados de análisis del suelo de forma simple. En general, estos experimentos deben tener diseño experimental uni o multifactorial, englobando suelos de diferentes clases de fertilidad, repitiéndose los ensayos en diferentes localidades y a lo largo del tiempo. Se debe utilizar por lo menos cinco dosis del nutriente, con intervalos pequeños entre las mismas, pero con amplitud suficiente para llegar a la dosis en que no hay más respuesta del cultivo. Estos experimentos permiten, por lo tanto, identificar la máxima producción del cultivo para cada condición experimental (Cantarutti et al., 2007).

Conforme a lo que parece, muy poco fue hecho a este respecto en la región andina, el principal centro productor de quinua en todo el mundo. Considerando los bajos niveles de productividad normalmente encontrados en la región, se puede considerar la fertilidad del suelo o el manejo adecuado de nutrientes vía abonamiento como una de las herramientas más importantes que puede contribuir para un incremento sustentable de la producción de quinua en esta región. Para esto, es de suma importancia que las autoridades e instituciones locales de enseñanza e investigación reúnan esfuerzos en el sentido de desarrollar experimentos de campo como los descritos anteriormente, haciendo uso de métodos científicos adecuados en el establecimiento de las relaciones suelo–planta, lo que permitirá la obtención de conocimientos sólidos y consistentes que beneficiaran directamente a todos los involucrados en la cadena productiva del cultivo. A título de ejemplo, en el Brasil, para los abonamientos fosfatado y potásico, generalmente son establecidos clases de contenidos en el suelo. Dese modo, para cada clase se establece los abonamientos indicados con base en los niveles de productividad esperada, proceso este amparado por la experimentación de campo. Para el nitrógeno, lo más común es que las recomendaciones varíen conforme al historial del área y las productividades esperadas.

Consideraciones finales

Existen grandes lagunas de información sobre abonamiento de quinua basado en experimentación científica, por lo que los ensayos necesarios para la obtención de estos datos son a largo plazo, debiendo ser desarrollados en diferentes condiciones debido a la multiplicidad de factores que afectan el desarrollo de las plantas y la utilización de nutrientes.

Esto exige a su vez la utilización de métodos científicos adecuados en el establecimiento de las relaciones suelo-planta, teniendo el apoyo de la estadística experimental.

Referencias bibliográficas

ABREU, C. A.; LOPES, A. S.; SANTOS, G. Micronutrientes. In: NOVAIS, R. F. et al. (Eds.). **Fertilidade do solo.** Viçosa: Sociedade Brasileira de Ciência do Solo, 2007, 1.017p. Cap. XI, p. 646-736.

AGUILAR, P. C.; JACOBSEN, S. E. Cultivation of quinoa on the Peruvian Altiplano. **Food Reviews International**, v. 19, p. 31-41, 2003.

ALVAREZ, M.; RÜTTE, S. von. Fertilizácion. In: WAHLI, C. **Quinoa:** hacia su cultivo commercial. Quito: Latinreco, 1990. 206p. Cap. VI, p. 109-15.

CANTARELLA, H. Nitrogênio. In: NOVAIS, R. F. et al. (Eds.). **Fertilidade do solo.** Viçosa: Sociedade Brasileira de Ciência do Solo, 2007, 1.017p. Cap. VII, p. 375-470.

CANTARUTTI, R B. et al. Avaliação da fertilidade do solo e recomendação de fertilizantes. In: NOVAIS, R. F. et al. (Eds.). **Fertilidade do solo.** Viçosa: Sociedade Brasileira de Ciência do Solo, 2007. 1.017p. Cap. XIII, p. 769-850.

CERETTA, C. A.; SILVA, L. S.; PAVINATO, A. Manejo da adubação. In: NOVAIS, R. F. et al. (Eds.). **Fertilidade do solo.** Viçosa: Sociedade Brasileira de Ciência do Solo, 2007. 1.017p. Cap. XIV, p. 851-72.

DELATORRE-HERRERA, J. Current use of quinoa in Chile. **Food Reviews International**, v. 19, p. 155-65, 2003.

DIACONO, M.; MONTEMURRO, F. Long-term effects of organic amendments on soil fertility. A review. **Agronomy for Sustainable Development,** v. 30, p. 401-22, 2010.

ERLEY, G. S. et al. Yield and nitrogen utilization efficiency of the pseudocereals amaranth, quinoa, and buckwheat under differing nitrogen fertilization. **European Journal of Agronomy**, v. 22, p. 95-100, 2005.

FAO. **La quinoa:** cultivo milenario para contribuir a la seguridad alimentaria mundial, 2011. 58p.

HANCCO, J. M. L. **Cultivo de la quinoa en Puno-Perú:** descripción, manejo y producción. Una-Puno, 2003. 62p.

HAVLIN, J. L. et al. Basics of nutrient management. In: HAVLIN, J. L. et al. **Soil fertility and fertilizers:** an introduction to nutrient management. Prentice Hall, 2004. 528p. Cap. X, p. 362-416.

JACOBSEN, S. E. The situation for quinoa and its production in Southern Bolivia: from economic success to environmental disaster. **Journal of Agronomy and Crop Science**, v. 197, p. 390-9, 2011.

KARCI, A.; BALCIOĞLU, I. A. Investigation of the tetracycline, sulfonamide, and fluroquinolone antimicrobial compounds in animal manure and agricultural soils in Turkey. **Science of the Total Environment,** v. 407, p. 4652-64, 2009.

KEMPER, N. Veterinary antibiotics in the aquatic and terrestrial environment. **Ecological Indicators**, v. 8, p. 1-13, 2008.

KIEHL, E. J. **Fertilizantes orgânicos.** Piracicaba: Editora Agronômica Ceres, 1985. 492p.

LEAL, R. M. P. et al. Occurrence and sorption of fluoroquinolones in poultry litters and soils from São Paulo State, Brazil. **Science of the Total Environment,** v. 432, p. 344-9, 2012.

LOPES, A. S.; GUILHERME, L. R. G. Fertilidade do solo e produtivdade agrícola. In: NOVAIS, R. F. et al. (Eds.). **Fertilidade do solo.** Viçosa: Sociedade Brasileira de Ciência do Solo, 2007. 1.017p. Cap. I, p. 1-64.

MARTÍNEZ-CARBALLO, E. et al. Environmental monitoring study of selected veterinary antibiotics in animal manure and soils in Austria. **Environmental Pollution,** v. 148, p. 570-9, 2007.

MILLER, D. M.; MILLER, W. P. Land application of wastes. In: SUMNER, M. E. **Handbook of soil science.** CRC Press, 1999. 2.148p. Cap. G, p. G217-45.

MUJICA, A. S.; CANAHUA, A.; SARAVIA, R. Agronomia del cultivo de la quinoa. In: MUJICA, A. S. et al. **Quinoa:** ancestral cultivo andino, alimento del presente y futuro. FAO, 2001. Cap. II.

MUJICA, A.; MARCA, S.; JACOBSEN, S. E. Current production and potential of quinoa (*Chenopodium quinoa* Willd.) in Peru. **Food Reviews International**, v. 19, p. 149-54, 2003.

PEPPER, I. L.; GERBA, C. P. Land application of biosolids and animal wastes. In: PEPPER, I. L.; GERBA, C. P.; BRUSSEAU, M. L. **Environmental & Pollution Science.** Academic Press, 2006. 532p. Cap. XXVII, p. 451-67.

PULVENTO, C. et al. Field trial evaluation of two *Chenopodium quinoa* genotypes grown under rain-fed conditions in a typical Mediterranean environment in South Italy. **Journal of Agronomy and Crop Science**, v. 196, p. 407-11, 2010.

RAZZAGUI, F. et al. Effect of nitrogen and water availability of three soil types on yield, radiation use efficiency and evapotranspiration in field-grown quinoa. **Agricultural Water Management**, v. 109, p. 20-9, 2012.

RAIJ, B. Van. **Fertilidade do solo e manejo de nutrientes.** International Plant Nutrition Institute, 2011. 420p.

SPEHAR, C. R.; SANTOS, R. L. B. Quinoa BRS Piabiru: alternativa para diversificar os sistemas de produção de grãos. **Pesquisa Agropecuária Brasileira**, v. 37, p. 889-93, 2002.

SPEHAR, C. R.; SANTOS, R. L. B. Exigência nutricional e adubação. In: SPEHAR, C. R. **Quinoa:** alternativa para diversificação agrícola e alimentar. Planaltina: Embrapa Cerrados, 2007. 103p. Cap. 4, p. 57-61.

STIKIC, R. et al. Agronomical and nutritional evaluation of quinoa seeds (*Chenopodium quinoa* Willd.) as an ingredient in bread formulations. **Journal of Cereal Science**, v. 55, p. 132-8, 2012.

VASCONCELOS, F. S. et al. Desenvolvimento e produtividade de quinoa semeada em diferentes datas no período safrinha. **Revista Ciência Agronômica**, v. 43, p. 510-5, 2012.

VEGA-GÁLVEZ, A. et al. Nutrition facts and functional potential of quinoa (*Chenopodium quinoa* Willd.), an ancient Andean grain: a review. **Journal of the Science of Food and Agriculture**, v. 90, p. 2541-7, 2010.

ZHAO, L.; DONG, Y. H.; WANG, H. Residues of veterinary antibiotics in manures from feedlot livestock in eight provinces of China. **Science of the Total Environment,** v. 408, p. 1.069-75, 2010.

3

Bioecología, monitoreo y control de las principales plagas de quinua

Odimar Zanuzo Zanardi[1]
Rosario Bravo[2]

Introducción

La quinua *Chenopodium quinoa* Willd. es uno de los cultivos que viene siendo explorado comercialmente en diversas regiones del mundo. Por lo tanto, el cultivo es una alternativa para los sistemas de producción agrícola, pues puede ser inserida en los programas de rotación de cultivos y, con eso, incrementar la rentabilidad de las propiedades agrícolas (Spehar et al., 2011). Sin embargo, la presencia de insectos plaga viene siendo uno de los factores que pueden afectar la producción y calidad de los granos. En la quinua ya fueron registradas más de 22

1. Escola Superior de Agricultura "Luiz de Queiroz" da Universidade de São Paulo – Esalq/USP. Departamento de Entomologia e Acarologia. Av. Pádua Dias, 11. Caixa Postal 9. Cep 13418-900, Piracicaba, SP, Brasil. odimarzanardi@yahoo.com.br
2. Facultad de Ciencias Agrarias de la Universidad Nacional del Altiplano – UNA. Avenida Floral, 1153. Puno, Perú.

especies de insectos causando algún tipo de daño en plántulas, hojas, tallos, inflorescencias y granos, pero pocas han sido consideradas plagas de importancia económica. Dentro de los insectos plaga, se destacan las larvas que afectan las hojas, inflorescencias o panojas de la quinua, las cuales son responsables por los mayores perjuicios en el cultivo. Además de estos, algunas especies pueden ocurrir de forma esporádica, mientras que otras potencialmente son dañinas. Por lo tanto, seguidamente serán abordados los principales parámetros bioecológicos de las principales plagas que atacan el cultivo, y se explican algunas estrategias para el monitoreo y su manejo plaga.

Polilla de quinua o moledor de granos o kcona-kcona

Las polillas son las plagas más importantes en las áreas de cultivo de quinua en el altiplano, debido a los daños directos e indirectos causados por los insectos al cultivo. En la actualidad, la plaga está sobre todo en Perú y Bolivia, donde las condiciones climáticas son más favorables para el desarrollo del insecto (Spehar, 2007). Más allá de la región del altiplano, la plaga también fue registrada en Argentina, Chile, Ecuador y Colombia (Rasmussen et al., 2003; Costa et al., 2009a), con bajos niveles de infestación.

Taxonomía

Orden: Lepidoptera

Suborden: Frenate

Superfamília: Gelechoidea

Família: Gelechiidae

Género: *Eurysacca*

Especies: *Eurysacca quinoae*; *Eurysacca melanocampta*

Nombre común: "kcona-kcona, moledor de granos, polillas de la quinua"

Morfología y biología

Los adultos (Figura 1) que son pequeñas polillas de aproximadamente 9 mm de largo y de 14 a 18 mm de ancho de color gris-pajizo con algunas manchas negras sobre las alas (Campos et al., 2012). La oviposición de las hembras se lleva a cabo en grupos de 30 a 40 huevos (Tapia & Fries, 2007), principalmente sobre las hojas de las plantas o directamente en las panojas durante la fase de pre-floración del cultivo e inicio de pano-

jamiento. Los huevos son de color blanco lechoso de forma semiesférica, aproximadamente 0,6 mm de longitud y 0,3 mm de ancho. El período de incubación es de ocho a nueve días a 18° C (Cardenas et al., 2006).

Las larvas (Figura 1) son de tipo euriciforme, con cuatro pares de falsas patas, de coloración blanco cremoso con manchas verde-rosadas pasan y pasan por cinco estadios larvales con duración de 35-40 días, dependiendo de la calidad del hospedero y de las condiciones climáticas del lugar (Ortíz, 1976; Costa et al., 2009). Las pupas son de coloración marrón-clara con 8,1 mm de largo y 1,9 mm de ancho. El estado de pupa ocurre generalmente en el suelo y eventualmente en inflorescencias con maduración avanzada o en pilas después de la cosecha. La duración del estado de pupa es de 23 días a 18°C (Cardenas et al., 2006). El período huevo-adulto varía de 47 a 88 días en campo, dependiendo de la temperatura. La fecundidad total media es de aproximadamente 300 huevos y la longevidad de los adultos varia de 20 a 30 días.

Figura 1. Larvas en panoja y adulto en follage de *Eurysacca quinoae*. Fotos: Elva Campos, UNA-Puno.

Daños

Los daños causados por las polillas se deben a su alimentación en el período larval. Las larvas primeramente atacan las hojas, brotes e inflorescencias en formación, mientras los estados siguientes pueden atacar las inflorescencias durante el proceso de desarrollo y maduración de los granos. Un ataque intenso puede ocasionar la pérdida total de la producción.

Monitoreo

El monitoreo de las larvas debe ser realizado desde la emergencia de las plantas hasta prácticamente la cosecha, observando la presencia de

las larvas o de sus daños en las hojas, brotes nuevos e inflorescencias. El monitoreo de los adultos es realizado por medio de trampas adhesivas de color amarillo o con el uso de feromonas sexuales.

Manejo

Dentro de las medidas de control que pueden ser adoptadas para el manejo de la plaga, la preparación del suelo con arado y arado de disco, elimina parte de las pupas invernantes. Por otro lado, al revolver el suelo, las pupas son expuestas a los predadores (principalmente aves y lagartos), a la acción de los rayos solares y a las bajas temperaturas. La eliminación de plantas hospederas y la rotación de cultivo son prácticas culturales que también auxilian en la reducción de la infestación de la plaga en los cultivos subsecuentes (Mujica, 1993; Zanabria & Banegas, 1997; Rasmussen et al., 2001).

Medidas que auxilian en la preservación de los agentes de control biológico son extremadamente importantes para reducir los daños causado por las polillas. Dentro de los agentes biológicos, los parasitoide de larvas del género *Phytomyptera* (Diptera: Tachinidae) (Sequeiros, 2001) han sido los más efectivos para el control de *E. melanocampta* e *E. quinoae* en la región sur y central del Perú (Rasmussen et al., 2001). Braconídeos (*Apanteles* sp. e *Earinus* sp.), icneumonídeos (*Diadegma* spp.) y encirtídeos (*Copidosoma koehleri* (Blanchard)) también se encuentran las áreas de quinua (Ortíz, 1998; Costa et al., 2009).

Además de los parasitoides, predadores también pueden ayudar en el control de plagas de quinua. En Puno, el predador *Meotachis* sp. (Coleóptera: Carabidae) es la especie que tiene el mayor potencial para el control de la plaga porque tiene la posibilidad de subir a las panojas (Loza & Bravo, 2001).

El uso de hongos, bacterias y vírus entomopatógenos también puede ser una alternativa para el manejo de *E. melanocampta* e *E. quinoae* en cultivos de quinua. Estudios con vírus de la granulosis *Baculovirus phthorimaea* vienen siendo desarrollados en la tentativa de utilizarlos para el control de los estados inmaduros de *E. melanocampta* (Tarqui, 2002). Sin embargo, los vírus, de modo general son altamente susceptibles a la radiación solar y a los cambios de temperatura y humedad, lo que puede limitar el uso de este agente biológico en el control de la plaga. Por otro lado, el uso de *Bacillus thuringiensis* principalmente en los estados iniciales de desarrollo de las larvas vienen siendo una alternativa eficaz para el control de polillas en quinua. El uso conjunto de *Baculovirus* e *Bacillus thuringiensis* puede reducir en hasta 70% los niveles poblacionales de

E. melanocampta, cuando aplicados sobre larvas de primer y segundo estadio. Sin embargo, cuando son aplicados en larvas de tercer y cuarto estadio el efecto letal es reducido drásticamente. Caso las tácticas de control natural no sean suficientes para reducir la densidad poblacional de la plaga, puede ser utilizado el control químico.

El control químico solo debe ser utilizado cuando sean detectados cinco o más larvas por planta (Blanco, 1994), dando preferencia a los insecticidas de baja toxicidad y con reducido efecto sobre los enemigos naturales. Diversos insecticidas a base de *Bacillus thuringiensis* y espinosinas se han utilizado en el control de polillas en quinua. Además de estos, extractos de plantas son eficaces para los estadios inmaduros de la plaga. El uso de insecticidas piretroides también han sido eficientes en el manejo de *E. melanocampta* y *E. quinoae* en los cultivos andinos. Sin embargo, se recomienda que los insecticidas sean utilizados con criterio y de acuerdo con las recomendaciones técnicas y legislativas recomendadas para la utilización del producto.

Noctuídeos-plagas "ticuchis o ticonas"

Existe un complejo de polillas de la familia noctuidos que atacan la quinua, principalmente en los estadios iniciales de desarrollo del cultivo. Son insectos polífagos y con amplia distribución geográfica (Ângulo & Olivares, 2005; Bento et al., 2007). En áreas de producción de quinua, éstas especies son consideradas plagas ocasionales, atacando preferencialmente a las hojas y los tallos nuevos, reduciendo el potencial productivo del cultivo (Ângulo & Olivares, 2003; Rasmussen et al., 2003; Simmons & Pogue, 2004).

Taxonomía

Orden: Lepidoptera

Suborden: Glossata

Superfamília: Noctuoidea

Família: Noctuidae

Géneros: *Copitarsia, Feltia, Heliothis, Agrotis*

Especies: *Copitarsia turbata*; *Feltia andina*; *Feltia experta*; *Heliothis titicacae*; *Agrotis ipsilon*

Nombre común: "gusanos cortadores, gusanos de tierra, rosquillas, ticonas, silhui, ticuchi"

Morfología y biología

Las polillas presentan un cuerpo robusto con alas cubiertas por densas escamas y el cuerpo con pelos. Las especies se diferencian por la presencia de franjas y puntuaciones más oscuras en las alas anteriores. Los adultos son de hábitos nocturnos y las hembras depositan sus huevos en grupos aislados en grietas en el suelo (Figura 2), cerca del cuello o en hojas, tallos y brotes nuevos de las plantas. Los huevos presentan coloración y forma variable (Alcázar, 1997; Gallo et al., 2002), con un período de incubación de 5 a 8 días dependiendo de las especies y de las condiciones climáticas. Las larvas son de tipo eruciforme, de tamaño medio a grande con cuatro pares de falsas patas abdominales. Las larvas pasan por cuatro a seis estadios larvales que duran de 35 a 64 días (Larraín, 1996). En su máximo desarrollo las larvas alcanzan 20 a 40 mm de largo. Las pupas son de coloración marrón oscura con 15 a 30 mm de longitud. La duración del estado pupal varía de 14 a 28 días (Larraín, 1996; Alcázar, 1997). En regiones con bajas temperaturas, éste periodo se puede prolongar por hasta ocho semanas. La duración del periodo huevo–adulto varía de 65 a 98 días. Las hembras, en general, presentan una alta fecundidad pudiendo depositar hasta 1000 huevos durante toda su adultez. La longevidad de los adultos es de 14 a 17 días (Gallo et al., 2002; Bento et al., 2007).

Figura 2. Larva de "ticuchis o gusanos de tierra". Foto: Elva Campos Quispe, UNA-Puno.

Daños

Las larvas cortan las plantas principalmente en los estados iniciales de desarrollo del cultivo, reduciendo el número de plantas. Las larvas del último estadio pueden cortar más de una planta en una sola noche. Por otro lado, pueden atacar a las hojas y a las estructuras jóvenes de las plantas reduciendo significativamente el área foliar y el potencial fotosintético de la planta. En altas infestaciones, algunas especies también atacan los pedicelos florales, reduciendo la producción.

Monitoreo

Para el monitoreo de las larvas se recomienda hacer inspecciones periódicas al campo de cultivo, observando la presencia de larvas en el suelo y en las estructuras vegetativas y reproductivas de la planta (hojas, tallos tiernos e inflorescencia). Por otro lado, el uso de lámparas luminosas para la atracción de los adultos puede auxiliar en la detección del inicio de la infestación de la plaga en las áreas de producción.

Manejo

El volteado, en la preparación del suelo para la exposición de las larvas a predadores y a los rayos solares antes de la siembra es fundamental para reducir los niveles poblacionales de la plaga. Durante el desarrollo del cultivo es esencial mantener el campo libre de plantas invasoras para evitar el inicio de las infestaciones de la plaga. La conservación de los enemigos naturales es muy importante para mantener los niveles de población de plagas a niveles bajos de población.

En áreas con infestaciones de larvas es recomendable que se haga el tratamiento de las semillas a fin de garantizar la protección de las plantas en los estados iniciales de desarrollo y garantizar el número de plantas. El uso de insecticidas granulados en el surco de siembra también puede ser utilizado como alternativa para el control de esas plagas. Después de la emergencia del cultivo, se recomienda que el control químico sea realizado apenas en los focos de infestación.

Pulguilla saltona o piqui-piqui

Las "pulguillas saltonas" son pequeños escarabajos que atacan diversas especies vegetales. En quinua, las pulguillas son consideradas plagas ocasionales, aunque son muy conocidas por los productores de la región del altiplano.

Taxonomía

Orden: Coleoptera

Sub orden: Poliphaga

Superfamília: Chrysomeloidea

Família: Chrysomelidae

Género: *Epitrix*

Especies: *Epitrix yanazara*, *Epitrix subcrinita*, *Epitrix*sp.

Nombre común: "Epitrix, pulguilla, pulga saltadora, piqui-piqui"

Morfología y biología

Los adultos (Figura 3) son escarabajos con cerca de 2 mm de longitud, cuerpo ovalado, coloración marrón oscuro o azul brillante. Los adultos presentan los fémures de las patas traseras dilatadas. Los adultos son activos durante el día, dispersándose rápidamente en las horas de mayor insolación del día. Las hembras depositan sus huevos en grupos en el suelo, junto al cuello de las plantas, de una forma escalonada en el

Figura 3. Adulto de *Epitrix* spp. Foto: Celeigher Piñango.

tiempo. Los huevos son de coloración clara, brillantes con tamaño de 0,5 mm. El período de incubación es de siete a 15 días. Después de la eclosión, las larvas se desplazan para la zona radicular del cultivo, donde complementan su desarrollo alimentándose de las raíces de las plantas. Al final del periodo de desarrollo, las larvas alcanzan cerca de 3,5 mm de longitud. El desarrollo larval se completa en cuatro a seis semanas. Al final de este periodo las larvas se transforman en pupas, de las pupas emergen los adultos dando inicio a una nueva generación. Estos insectos viven de 50 a 90 días. Debido a la grande longevidad de los adultos y al escalonamiento de las ovoposiciones, el período de emergencia de los adultos puede ser largo y originar una sobreposición de generaciones al largo del tiempo.

Daños

Los adultos se alimentan de hojas abriendo pequeños orificios de forma arredondeada. En plantas jóvenes puede haber defoliación total, una vez que el ataque de la plaga es generalmente masivo. Los mayores perjuicios ocurren en periodos secos de alta temperatura y poca humedad (veranillos o sequia).

Monitoreo

El monitoreo del insecto es realizado por medio de observación de la presencia del insecto en las hojas de las plantas y de los daños causados por los insectos, principalmente en las bordaduras del área de cultivo, a partir de la emergencia de las plantas

Manejo

La estrategia más indicada para el control de poblaciones de los pulguillas saltonas es la preventiva y se basa en la utilización de medidas culturales que disminuyen las poblaciones del insecto de año en año. La eliminación de plantas hospederas y la remoción de los restos culturales que crean condiciones desfavorables a la sobrevivencia y multiplicación de los insectos en las áreas de producción y en las zonas adyacentes, son importantes para la reducción de los niveles de población de plagas, puesto que estos insectos son especies polífagas y atacan todos los cultivos andinos, inclusive pastos naturales. En general, estos insectos se encuentran en bajas densidades de población y por lo tanto no se recomienda el uso de productos químicos para el control de la plagas.

Pulgones

Los pulgones son insectos picadores-chupadores que infestan una amplia gama de hospederos en diversas regiones del mundo (Cividanes & Santos-Cividanes, 2010; Soares et al., 2012). En condiciones del altiplano los pulgones son considerados plagas ocasionales con importancia principalmente durante el periodo de desarrollo y maduración de las panojas.

Taxonomía

Orden: Hemiptera

Sub orden: Sternorrhyncha

Superfamília: Aphidoidea

Família: Aphididae

Géneros: *Myzus, Macrosiphum*

Especies: *Macrosiphum euphorbiae*; *Myzus persicae*

Nombre común: "afídeos o pulgones"

Morfología y biología

Los adultos de *Ma. Euphorbiae* miden de 3 a 4 mm de largo y son de coloración verde por el tórax y cabeza amarillentos (Figura 4). Presentan

Figura 4. Adulto y ninfas de *Macrosiphum euphorbiae*.

antenas oscuras y mayores que el cuerpo. El cuerpo es de formato piriforme con los sifones o cornículos y la cola relativamente largos y con el ápice reticulado (Gallo et al., 2002). Ya los adultos del pulgón *My. Persicae* son pequeños, con cerca de 2 mm de longitud. Presentan coloración que varía de verde-claro a verde más intenso, con la cabeza, antenas y el tórax de color negro. El desarrollo de la ninfa se da en aproximadamente 10 días, con cuatro estadios ninfales (Barbosa et al., 2006). Las hembras aparentan ser vivíparas y se reproducen por partenogénesis telitóquica, donde cada hembra da origen a 80 nuevas hembras sin la participación del macho. El período reproductivo, la longevidad de los adultos y el ciclo ninfa-adulto son de aproximadamente 13, 15 y 36 días a 25°C, respectivamente (Barbosa et al., 2006).

Daños

Los pulgones se alimentan de savia, principalmente en las regiones de crecimiento de las plantas (tejidos tiernos), causando el enrollamiento de las hojas y la reducción del desarrollo del cultivo. Además de los daños indirectos, los pulgones eliminan una grande cantidad de substancias azucaradas ("mielecilla") que sirven de alimento para el hongo saprófito del género *Capnodium* sp., agente causal de la fumagina. En quinua, los perjuicios causados por la presencia de hongos son mayormente de orden estética, una vez que este proceso ocurre de forma esporádica y en el final del ciclo de desarrollo del cultivo, próximo a la maduración de los granos.

Monitoreo

El monitoreo de pulgones puede ser realizado con bandejas de agua de coloración amarillo (50 cm de largo × 32 cm de ancho × 8 cm de altura) y trampas amarillas pegantes de plástico amarillo para la captura de los pulgones alados, principalmente en los estadios iniciales de desarrollo del cultivo. Por lo menos dos o tres evaluaciones durante el período fenológico son recomendables para monitorear los pulgones y sus agentes de control biológico, así como su daño y síntomas en plantas.

Manejo

El manejo del abonamiento nitrogenado al momento de la siembra es una práctica importante para el manejo de pulgones, pues reduce el vigor de las plantas, tornándolas menos favorables al establecimiento y desarrollo de los insectos. La eliminación de plantas hospederas situadas próximas o en el interior del área de cultivo reduce también la posibilidad de infestación de la plaga en el cultivo, principalmente plantas con flores

amarillas como nabo silvestre. La preservación de los agentes de control natural, como parasitoide y predadores, son suficientes para mantener a las poblaciones de pulgones a niveles inferiores a aquellos capaces de causar perjuicios económicos. Dentro de los enemigos naturales, los parasitoides de los géneros *Aphidius*, *Ephedrus* y *Praon* (Kavallieratos et al., 2004), y predadores *Hippodamia convergens*, *Synpherobius* sp., *Hemerobius* sp. y algunos dípteros de la familia Syrphidae, son los más comunes en las áreas de producción de quinua. El control químico no es recomendado una vez que los insecticidas pueden reducir las poblaciones de los enemigos naturales y así predisponer a un incremento poblacional de la plaga. Caso sea necesario, se debe dar preferencia a los insecticidas con reducido periodo residual y con alta selectividad a los agente de control biológicos.

Trips o "llaja, yana-usa"

En quinua los trips son considerados plagas potenciales sin causar daños económicos al cultivo.

Taxonomía

Orden: Thysanoptera
Suborden: Terebrantia
Superfamília: Thripoidea
Familia: Thripidae
Género: *Frankliniella*
Especie: *Frankliniella* sp.
Nombre común: "trips"

Morfología y biología

Los trips del género *Frankliniella*, son insectos de coloración marrón a negro de alas muy angostas, bordeadas de pelos de aproximadamente 0,8 mm de longitud (Figura 5). Las hembras depositan sus huevos preferencialmente en las células del parénquima de las hojas. Los huevos son de coloración opaca, reniforme y miden 0,25 a 0,50 mm. El período de incubación es de 3 a 4 días. Después de la eclosión, las ninfas presentan coloración transparente, tornándose amarilladas a anaranjadas a medida que se desarrollan. Al final del estado inmaduro, las ninfas pasan por un periodo de inactividad también llamado de pseu-pupa, con duración de

Figura 5. Adulto y ninfa de *Frankliniella* sp. Foto: Elva Campos Quispe, UNA-Puno.

aproximadamente 4 días, para luego pasar el estadio adulto. La longevidad de los adultos varía de 30 a 35 días.

Daños

El ataque del insecto ocurre preferencialmente en el inicio del desarrollo del cultivo. El daño causado por los insectos es debido el proceso de alimentación que consiste de raspaduras de las células epidérmicas y por las punturas causado en el momento de la oviposición de las hembras.

Monitoreo

La fluctuación poblacional de trips puede ser monitoreada por medio de trampas adhesivas de color azul distribuidas en los bordes y no en el interior de las áreas de producción de quinua. Las inspecciones deben ser realizadas cada 15 días, observando la presencia de insectos atrapados.

Manejo

La eliminación de las plantas invasoras de cultivo y hospederas reduce el crecimiento poblacional de la plaga. El control químico no es recomendado, una vez que la quinua no ha sido uno de los hospederos preferenciales de la plaga y, por tanto, es mantenida en bajos niveles poblacionales.

Escarabajos negros

Los escarabajos negros son plagas ocasionales en cultivos de quinua. Son especies polífagas y con importancia económica en el cultivo de papa. En quinua las mayores infestaciones ocurren en áreas cultivadas próximas a los cultivos de papa.

Taxonomía

Orden: Coleoptera

Suborden: Poliphaga

Superfamília: Meloidea

Família: Meloidae

Género: *Epicauta*

Especies: *Epicauta pennsylvanica, Epicauta pestifera*

Nombre común: "burrito de las solanáceas, escarabajo negro, k'ccara sacos"

Morfología y biología

Los adultos son de coloración oscura con longitudes que varían de 10 a 20 mm (Figura 6). Las hembras depositan sus huevos en el suelo, siempre en grupos de 50 a 80. Los huevos son de coloración clara y de forma alargada. El periodo de incubación varía de 15 a 21 días. Las larvas se desarrollan en el suelo, pero no atacan al cultivo porque en ese estado de desarrollo, se comportan como predadores de huevos de saltamontes. Las larvas pasan por seis estadios de desarrollo biológicamente diferentes unos de otros, pero morfológicamente bien diferentes ya que desarrollan hipermetamorfosis. Al final del periodo de desarrollo larval se transforman en pupas, proceso que ocurre en el suelo. Estos escarabajos presentan un ciclo biológico bastante largo, pudiendo alcanzar hasta un año, dependiendo de las condiciones ambientales y de la disponibilidad de alimento.

Daños

Los adultos atacan preferencialmente las hojas situadas en el tercio superior de las plantas. Las infestaciones ocurren en puntos específicos (focos) dentro del área de cultivo, extendiéndose muy raramente por grandes áreas debido a que avanzan ordenadamente en grupos. Son plagas polífagas que atacan todos los estados de desarrollo de la planta, sien-

Figura 6. Adulto de escarabajo negro *Epicauta pestifera*.

do que consumen todo el área foliar, dejando apenas las nervaduras de las hojas y los tallos de las plantas, reduciendo la producción del cultivo.

Monitoreo

Para el monitoreo de los escarabajos se recomienda hacer inspecciones periódicas al área de cultivo observando la presencia de los adultos en las estructuras vegetativas de las plantas, además de los daños causados por los insectos.

Manejo

La rotación de cultivo es una técnica de manejo que reduce significativamente el establecimiento y el desarrollo de estos insectos en las áreas de cultivo. Además, periodos de barbecho, preparación del suelo con aradores y discos y quemas de los restos de la cosecha anterior, son medidas que reducen el desarrollo del insecto. Por mostrar un compor-

tamiento gregario, poca capacidad de vuelo y avance ordenado que los ubica en focos, es factible controlarlos mecánicamente mediante sacudimiento de las plantas sobre un depósito con agua y unas gotas de gasolina o kerosene. El uso de insecticidas selectivos, de contacto e ingestión, son de modo general eficientes para el control de estos insectos en los focos exclusivos de infestación.

Vaquinhas

Las vaquinhas son insectos que atacan diversos hospederos en toda América Central y del Sur. Las mayores infestaciones pueden ocurrir en áreas próximas al cultivo de solanáceas y leguminosas, cuyos cultivos son preferidos para la alimentación de los adultos de este insecto.

Taxonomía

Orden: Coleoptera

Suborden: Poliphaga

Superfamília: Chrysomeloidea

Família: Chrysomelidae

Género: *Diabrotica*

Especies: *Diabrotica speciosa*

Nombre común: "vaquinha, brasileirinha, patriota"

Morfología y biología

Los adultos miden cerca de 6 mm de longitud, son de color verdoso con tres manchas amarillas en cada élitro, tibias y tarsos negros y cabeza marrón (Figura 7). Las hembras son menores que los machos y depositan sus huevos en el suelo. Los huevos son amarillos y miden 0,5 mm de diámetro. El periodo de incubación varía de siete a ocho días. Las larvas pasan por tres estadios y alcanzan cerca de 10 mm de longitud. Son de coloración blanquecina y presentan la cabeza marrón y una placa quitinizada oscura en el último segmento abdominal. El estado inmaduro del insecto ocurre en el suelo y dura en promedio 23 días. El estado de pupa es de siete días en promedio. El ciclo biológico huevo–adulto varia de 24 a 40 días. La temperatura es un factor climático que afecta la taza de desarrollo de los estados inmaduros, así como la longevidad y la reproducción de los insectos. Las hembras depositan hasta 200 huevos durante toda su vida. La longevidad varía de 52 a 58 días para hembras y de 42 a 55 días para machos (Viana, 2010).

Figura 7. Adulto de *Diabrotica speciosa*.

Daños

El desarrollo del estado inmaduro del insecto ocurre en el suelo donde se alimenta básicamente de raíces de diversas especies vegetales, no habiendo informaciones para la quinoa. Los adultos se alimentan de las partes vegetativas de las plantas, donde causan grande destrucción en altas densidades poblacionales.

Monitoreo

El monitoreo de adultos de *D. speciosa* puede ser realizado con trampas luminosas, utilizando lámparas de tipo BLB (ultra-violeta), BL (ultra-violeta) y B (azul), las cuales son más atractivas para los adultos (Viana, 2010). Además, se puede emplear el uso de cebos atractivos, utilizando partes de fruto de calabaza amarga (*Lagenaria vulgaris* (Molina) Standl.) y del tubérculo conocido como "Taiuá" (*Ceratosanthes hilariana* Cogn.) para captura de adultos. Para larvas, cernir el suelo sobre un plástico negro ha sido el método más utilizado para la constatación de la presencia del insecto. Otros métodos, tales como el embudo de Berlese y flotación del suelo en mezcla con soluciones química, también pueden ser utilizados. Sin embargo, esa información solamente es útil para determinar la

infestación existente en el campo, dificultando su utilización para la toma de decisiones que busquen controlar de la plaga.

Manejo

El control químico por medio de pulverizaciones es el método más adecuado para el manejo de los adultos de *D. speciosa*. Otra alternativa que ha demostrado alta eficiencia para el control de los adultos es el uso de cebos tóxicos utilizando calabaza "Taiuá" tratada con insecticida. El control de larvas se puede hacer con el uso de insecticidas granulados o pulverizando el surco de la plantación. Como medida complementar de control, se pueden utilizar los hongos entomopatógenos *Beauveria bassiana* y *Metarhizuim anisopliae*, que infectan tanto los adultos como a las larvas.

Lagarta elasmo

La lagarta elasmo es una plaga polífaga con distribución limitada en las regiones temperadas y tropicales del hemisferio occidental. El ataque del insecto en plantas de quinua ha sido observada en Cristalina en el estado de Goiás (Brasil). Los períodos de sequía son más favorables al desarrollo y ataque del insecto.

Taxonomía

Orden: Lepidoptera
Suborden: Glossata
Superfamília: Pyralidoidea
Família: Pyralidae
Género: *Elasmopalpus*
Especies: *Elasmopalpus lignosellus*
Nombre común: "elasmo, lagarta-elasmo, broca-do-colo"

Morfología y biología

Los adultos miden cerca de 15 mm de longitud y 20 mm de envergadura con las márgenes de las alas anteriores de coloración oscura y la parte central de coloración clara (Figura 8). Las hembras depositan sus huevos en las estructuras vegetativas de las plantas. El huevo inicialmente es claro, pasando a una coloración rojiza cuando está próximo a eclosionar. El periodo de incubación es de aproximadamente tres días. En la eclosión,

las larvas inicialmente se alimentan de las hojas y después descienden al suelo y penetran en la región del cuello (bajo del suelo) de las plantas, alimentándose en su interior. La larva es de coloración verdosa con anillos y con rayas de coloración oscura con 16 mm de longitud al final de su desarrollo (Viana, 2004). Las larvas se quedan generalmente "estacionadas" en la planta, donde construyen una capsula con restos vegetales, tierra y tela, dentro de la cual se abrigan Al final del estado inmaduro (18 días), en el suelo, próximo al tallo de la planta, la larva se transforma en pupa y, después de ocho días, emerge el adulto. La fecundidad de las hembras varía de 100 a 120 huevos. Los adultos viven alrededor de 10 días.

Figura 8. Larva y adulto de *Elasmopalpus lignosellus*.

Daños

Los daños ocasionados por las larvas ocurren cuando penetran la región del cuello de las plantas durante el periodo de germinación y emergencia. El ataque del insecto reduce el número de plantas y el potencial productivo del cultivo.

Monitoreo

Entre las técnicas de monitoreo, la observación de las plantas atacadas directamente en el cultivo es la estrategia más utilizada para la determinar la infestación de la plaga en las área de producción.

Manejo

Por tratarse de un insecto que se desarrolla en ambientes más secos, la protección del suelo con restos de cosecha (sistema de siembre directa),

puede contribuir para incrementar la humedad de su hábitat y entonces reducir sus niveles poblacionales. La implementación de un sistema de asocio o de rotación de cultivos puede ser una alternativa para la atracción de enemigos naturales que auxilien en el control del insecto (Bai et al., 2011). En regiones con alta incidencia del insecto se puede hacer un control químico de forma preventiva, utilizando insecticidas granulados en el surco de la plantación. Después de la emergencia de las plantas, el control químico debe ser realizado con aspersión dirigido a la línea de siembra.

Consideraciones finales

El control de plagas en cultivos de quinua debe ser realizado de forma integrada, utilizando todas las herramientas de control compatibles para determinado objetivo. La estrategia se resume en el uso de medidas de control destinadas a la reducción de los niveles poblacionales de las plagas por debajo de aquellos capaces de causar perjuicios económicos al cultivo. Para esto, medidas culturales, mecánicas y biológicas, son suficientes para mantener las poblaciones de la mayoría de las especies de insectos plagas en equilibrio en el agro ecosistema. El control químico solamente deberá ser usado cuando los niveles poblacionales sean elevados, utilizando productos con reducido poder residual y bajo impacto sobre organismos no objetivos.

Referências bibliograficas

ALCÁZAR, J. **Principales plagas de la papa:** gorgojo de los Andes, *Epitrix* y gusanos de tierra. Fasciculo 3.6. Lima, Peru: Centro Internacional de la Papa (CIP), 1997. 7p.

ANGULO, A. O.; OLIVARES, T. S. Taxonomic update of the species of *Copitarsia* Hampson 1906 (Lepidoptera: Noctuidae: Cuculliinae). **Gayana**, v. 67, n. 1, p. 33-8, 2003.

ANGULO, A. O.; OLIVARES, T. S. Un inventario global y bibliográfico de la subfamilia Noctuinae de Chile (Lepidoptera: Noctuidae). **Revista de Lepidopterología**, v. 33, n. 130, p. 131-66, 2005.

BARBOSA, L. R. et al. Efeito da temperatura na biologia de *Myzus persicae* (Sulzer) (Hemiptera: Aphididae) criado em pimentão. **Acta Scientiarum Agronomy**, v. 28, n. 2, p. 221-5, 2006.

BENTO, F. M. M. et al. Biologia e tabela de vida de fertilidade de *Agrotis ipsilon* em dieta artificial. **Pesquisa Agropecuária Brasileira**, v. 42, n. 10, p. 1.369-72, 2007.

BLANCO, A. **Umbral económico de kcona kcona *Eurysacca melanocampta* (Lepidoptera, Gelechiidae) en quinoa (*Chenopodium quinoa* Willd.)**. Puno, Perú. 1994. 46p. Thesis (Ingeniero Agronomo) – Universidad Nacional del Altiplano.

CAMPOS, E. et al. Plagas insectiles en áreas de intensificación de quinoa en Puno. **CienciaAgro**, v. 2, n. 3, p. 379-90, 2012.

CARDENAS, M.; AQUINO, M.; COSTA, J. F. Ciclo biológico de la polilla de la quinoa: *Eurysacca melanocampta* Meyrick (Lepidoptera: Gelechiidae) y proporción de sexos en la descendencia. In: XLVIII CONVENCIÓN NACIONAL DE ENTOMOLOGÍA. Sociedad Entomológica del Perú (SEP) y Universidad Agraria La Molina (UNALM). Lima, Perú, 2006.

CIVIDANES, F. J.; SANTOS-CIVIDANES, T. M. Ocorrência de formas aladas de pulgões e sua relação com fatores meteorológicos e plantas hospedeiras. **Pesquisa Agropecuária Brasileira**, v. 45, n. 1, p. 7-15, 2010.

COSTA, J. F. et al. Preference of quinoa moth: *Eurysacca melanocampta* Meyrick (Lepidoptera: Gelechiidae) for two varieties of quinoa (*Chenopodium quinoa* Willd.) in olfactometry assays. **Chilean Journal of Agricultural Research**, v. 69, n. 1, p. 71-8, 2009.

COSTA, J. F.; YÁBAR, E.; GIANOLI, E. Parasitismo sobre *Eurysacca melanocampta* Meyrick (Lepidoptera: Gelechiidae) en los localidades de Cusco, Perú. **Revista Facultad Nacional de Agronomía**, v. 62, n. 1, p. 4.807-13, 2009a.

GALLO, D. et al. **Entomologia agrícola**. Piracicaba: Fealq, 2002. 920p.

KAVALLIERATOS, N. G. et al. Seasonal abundance and effect of predators (Coleoptera: Coccinellidae) and parasitoids (Hymenoptera: Braconidae, Aphidiinae) on *Myzus persicae* (Hemiptera, Aphidoidea) densities on tobacco: a two-year study from Central Greece. **Biologia**, v. 59, n. 5, p. 613-9, 2004.

LARRAÍN, P. S. Biologia de *Copitarsa turbata* (Lepidoptera: Noctuidae) bajo ambiente controlado. **Agricultura Técnica**, v. 56, n. 3, p. 220-3, 1996.

LOZA, A.; BRAVO, R. Poblaciones de carábidos (Coleoptera) en agroecosistemas del Altiplano Peruano. **Revista Peruana de Entomología**, v. 42, p. 79-87, 2001.

MUJICA, A. **Cultivo de quinoa**. Lima: Instituto Nacional de Investigación Agraria, 1993. 130p.

ORTÍZ, R. Estudio "Kcona Kcona" *Gnorioschema* sp. (Gelechiidae: Lepidoptera) en quinoa (*Chenopodium quinoa* Willd.). En: II CONVENCIÓN INTERNACIONAL DE QUENOPODIACEAS. Potosí, Bolivia, 1976. 228p.

ORTÍZ, R. Parasitoides controladores biológicos de "q'hona q'hona" (*Eurysacca melanocampta* Meyrick). In: **Manejo integrado de plagas en el cultivo de quinoa**. Puno, Perú: Universidad Nacional del Altiplano. 1998. 20p.

RASMUSSEN, C.; JACOBSEN, S. E.; LAGNAOUI, A. Las polillas de la quinoa (*Chenopodium quinoa* Willd.) en el Perú: *Eurysacca* (Lepidoptera: Gelechiidae). **Revista Peruana de Entomologia**, v. 42, p. 57-9, 2001.

RASMUSSEN, C.; LAGNAOUI, A.; ESBJERG, P. Advances in the knowledge of quinoa pests. **Food Reviews International**, v. 19, n. 1-2, p. 61-75, 2003.

SEQUEIROS, P. A. **Fluctuación poblacional de plagas insectiles en quinoa y sus controladores naturales**. Cusco, Perú, 2001. 82p. Tesis (Biólogo) – Universidad Nacional de San Antonio Abad del Cusco, Facultad de Ciencias Biológicas.

SIMMONS, R. B.; POGUE, M. G. Redescription of two often-confused noctuid pests, *Copitarsia decolora* and *Copitarsia incommoda* (Lepidoptera: Noctuidae: Cuculliinae). **Annals of the Entomological Society of America**, v. 97, n. 6, p. 1.159-64, 2004.

SOARES, C. S. A. et al. Atividade inseticida de óleos essenciais sobre *Macrosiphum euphorbiae* (Thomas) (Hemiptera: Aphididae) em roseira. **Revista Brasileira de Agroecologia**, v. 7, n. 1, p. 169-75, 2012.

SPEHAR, C. R. **Amaranto:** opção para diversificar a agricultura e os alimentos. Planaltina, DF: Embrapa Cerrados, 2007. 136p.

SPEHAR, C. R.; ROCHA, J. E. S.; SANTOS, R. L. B. Desempenho agronômico e recomendações para cultivo de quinoa (BRS Syetetuba) no Cerrado. **Pesquisa Agropecuária Tropical**, v. 41, n. 1, p. 145-7, 2011.

TAPIA, M. E.; FRIES, A. M. **Guía de campo de los cultivos andinos**. Lima, Perú: FAO/ Anpe, 2007. 209p.

TARQUI, R. Q. **Dosis de *Baculovirus phthorimaea* para el control biológico de *Eurysacca melanocampta* Meyrick en el cultivo de la quinoa**. La Paz, Bolivia, 2002. 87p. Tesis – Facultad de Agronomía de la Universidad Mayor de San Andrés.

ZANABRIA, E.; BANEGAS, M. **Entomología economica sostenible**. Puno, Perú: Universidad Nacional del Altiplano del Perú, 1997. 201p.

4

Enfermedades de quinua

Pedro Javier Mansilla Córdova[1]

Introducción

Todo organismo en su medio natural interactúa y está expuesto a una serie de factores, entre ellos otros seres vivos – o no considerados como tales – con los cuales puede tener una relación mutualista, antagonista o indiferente. Cuando una especie de planta es cultivada, la presencia de enfermedades es inevitable y su intensidad dependerá de varios factores entre los cuales el ambiente, la misma planta y el patógeno en particular conforman el triángulo de la enfermedad al cual puede ser incluido la intervención del hombre quien determina el sistema de cultivo.

1. Escola Superior de Agricultura "Luiz de Queiroz" da Universidade de São Paulo – Esalq/USP. Departamento de Fitopatologia e Nematologia – Laboratório de Virologia Vegetal. Av. Pádua Dias, 11. Caixa Postal 9. Cep 13418-900, Piracicaba, SP, Brasil. mansilla@usp.br

La quinua es una especie bastante antigua y sólo hace relativamente pocos años ha comenzado a crecer el interés por su cultivo en diferentes regiones del globo al haber sido reconocida la calidad y la cantidad de sus nutrientes y su rusticidad.

La fitopatología es una ciencia aplicada, originada de la botánica a inicios del siglo pasado, que se encarga del estudio de las enfermedades de plantas y que se apoya de otras muchas ramas de la ciencia. Entre los objetivos de la fitopatología se encuentran la etiología o causa de las enfermedades, epidemiologia y control.

Históricamente el hombre siempre ha estado en la búsqueda de soluciones para controlar definitivamente las enfermedades y los microrganismos que las causan tienen, como todo ser vivo, la característica inherente de la variabilidad, con lo que han conseguido superar la acción humana. Las tácticas utilizadas para controlar las enfermedades pueden ser clasificadas en genéticas, biológicas, físicas, químicas y culturales.

Danielsen et al. (2003), hicieron una comparación entre el número de estudios de mildio realizados entre los años 1973 al 2000 en la base de datos del CAB International (Centre for Agricultural Bioscience International), sobre betarraga, espinaca y quinua, siendo de 106, 109 y 4 respectivamente, demostrando de forma clara la escases de estudios en la última especie.

Hasta la actualidad poco se conoce sobre las enfermedades que afectan la quinua, en particular sobre enfermedades que han sido reportadas afectando esporádicamente y que, sin embargo, tienen un gran potencial destructivo principalmente ahora que el cultivo está siendo introducido en otras regiones del mundo (Tabla 1). Estas son la marchitez fúngica y bacterial causadas por *Fusarium* y *Rhizoctonia*, respectivamente, en Perú (Barboza et al., 2000); el decaimiento y pudrición de las semillas causados por *Sclerotium rolfsii* en los Estados Unidos (Beckman & Finch, 1980); decaimiento causado por *Pythium zingiberum* en Japón (Ikeda & Ichitani, 1985); y mancha foliar causada por *Ascochyta hyalospora* (Boerema et al., 1977), y la pudrición marrón del tallo causada por *Phoma exigua* var. *foveata* en los Andes (Otazú & Salas, 1977).

Míldio causado por *Peronospora farinosa* (Fr.) Fr. (sin. *P. effusa*)

Esta enfermedad es considerada endémica en los Andes y es encontrada desde Colombia en el norte, hasta Chile en el Sur, pasando por Ecuador, Perú y Bolivia (Danielsen & Munk, 2004). También ya fue

Tabla 1. Algunas de las enfermedades comunes de la quinua y sus agentes causales (Adaptado de Bhargava et al., 2006 & Tapia, 1997).

Enfermedad	**Tipo de organismo**	**Agente causal**	**Referencias**
Marchitez	Hongo	*Sclerotium rolfsii*	Danielsen et al. (2003)
Podredumbre marrón del tallo	Hongo	*Phoma exigua* var. *foveata*	Alandia et al. (1979) Danielson et al. (2003)
Mildio	Hongo	*Peronospora farinosa*	Danielsen et al. (2001) Danielsen & Munk (2004)
Mancha ojival	Hongo	*Phoma cava*	Alandia et al. (1979)
Moho gris	Hongo	*Botrytis cinerea*	Johanson (1983)
Mancha foliar	Hongo	*Ascochyta hyalospora*	Danielsen et al. (2003)
Mancha bacteriana	Bacteria	*Pseudomonas* sp.	Alandia et al. (1979)
Mosaico clorótico	Vírus	*Chenopodium* mosaic virus	Alandia et al. (1979) Tomlinson et al. (1981)
Nódulo falso	Nematodo	*Nacobbus* spp., *Theca vermiculatus* ssp.	Alandia et al. (1979) Franco (2003)

detectada en Canadá (Tewari & Boyetchko, 1990) y Europa (Danielsen et al., 2002). Esta enfermedad reduce el área foliar fotosintética de la planta debido a las manchas necróticas y cloróticas en las hojas y su caída prematura.

Taxonomía

La primera descripción de una enfermedad en quinua fue realizada en el Perú por García Rada en 1947 (citado por Tapia, 1997), quien identificó al agente causal del mildiu. Este es *Peronospora farinosa* f. sp. *chenopodii* (Fr.), microorganismo que podría ser confundido por un neófito por un hongo. Debido a la composición de la pared celular, secuencia genética, entre otras características, estos organismos están más próximos de las algas que de los hongos verdaderos con los cuales fueron confundidos hasta hace no mucho tiempo. A pesar de este conocimiento, sin embargo, aún no se ha llegado a un consenso claro sobre su taxonomía y por el momento forman parte del reino Chromista o Stramenopila, siendo agrupados dentro de la familia Peronosporaceae, orden Peronosporales, cuyos

miembros son parásitos obligados altamente especializados (biotróficos) (Danielsen & Ames, 2004).

Este oomiceto tiene un rango de hospederos limitado. *P. farinosa* afecta a los miembros de la familia *Chenopodiaceae* que incluye a la betarraga, espinaca y quinua y ha sido encontrado en todos los continentes. Byford (1967) propuso una subdivisión de este microorganismo basado en el hallazgo de que los aislados obtenidos de *Beta vulgaris*, *Ch. album* y *Spinacia oleracea* eran específicos de cada especie y no eran capaces de infectar una especie de la cual no fueron aisladas. Así, se tienen las formas especiales *betae*, *spinaciae* y *chenopodii*. Sin embargo, el mismo autor encontró que no existía infección del aislado de *Ch. album* en *Ch. amaranticolor*, *Ch. capitatum*, y *Ch. ambrosioides* y más tarde, Aragón & Gutiérrez (1992), encontraron ausencia de infección cruzada entre aislados de *Ch. murale*, *Ch. album* y *Ch. ambrosioides*, indicando que existe una profunda especialización en este patógeno a nivel de patotipos, como también diferentes fuentes de resistencia. Dentro de la familia *Peronosporacea* es común este grado de especialización fisiológica (Danielsen et al., 2003).

Biología de la infección

La presencia de humedad relativa alta, mayor de 85%, es necesaria para que los conidios germinen. Cuando la cutícula es penetrada por el tubo germinativo este se ramifica como micelio entre las células e invade las hojas y los tallos. Los haustorios formados en las hifas penetran las células de la planta y entonces aparecen los esporangióforos de forma individual o grupal a través de los estomas con esporangios que tienen forma semejante al limón. Las hifas son cenocíticas (sin septos) y multinucleadas (Danielsen & Ames, 2004; Danielsen et al., 2003).

Las condiciones adecuadas de temperatura requeridas para la esporulación son de 10 a 20°C. Las especies del género *Peronospora* no forman zoosporas. Las esporas asexuales, también conocidas como conidios, son dispersadas por el viento y la lluvia que son considerados los agentes de mayor importancia (Danielsen et al., 2003).

Reproducción sexual

La mayor parte del ciclo de vida de *P. farinosa* consiste en la forma diploide y una pequeña fase en el estado haploide donde ocurre meiosis y cariogamia (Alexopoulos et al., 1996). Danielsen (2001) investigó la posible existencia de formas sexuales usando siete aislados de *P. farinosa* f. sp. *chenopodii* colectados en Perú y uno en Bolivia durante 1999 y 2000.

Realizando todos los cruzamientos posibles, encontró que existen por lo menos dos tipos a los cuales que denomino P_1 y P_2. Curiosamente dos de los aislados pertenecientes a los dos tipos encontrados, no produjeron oósporos (Gráfico 1).

En la costa del Perú no se han encontrado oósporos naturalmente infectando hojas de quinua por lo que se supone que en el país existe apenas uno de los dos tipos reportados por Danielsen et al. (2000).

Aún no se conoce bien el rol de los oósporos que sobreviven en las semillas o en el suelo para la epidemiologia de esta enfermedad. Considerando las condiciones bastante adversas de las zonas altas de los Andes, con periodos de sequía y temperaturas extremas, puede suponerse que estas estructuras juegan un papel crucial en la sobrevivencia del patógeno, representando la fuente de inóculo primario de la infección. Alandia et al. (1979) reportó la presencia de oósporos en el integumento de las semillas de quinua y en el CIP llegó a observarse entre 3 a 6% de esporulación en los cotiledones de seis variedades de Puno y Cusco en plantas de 2 a 3 semanas de edad. Este aspecto merece bastante consideración en el tema de comercialización y certificación de las semillas (Danielsen et al., 2003).

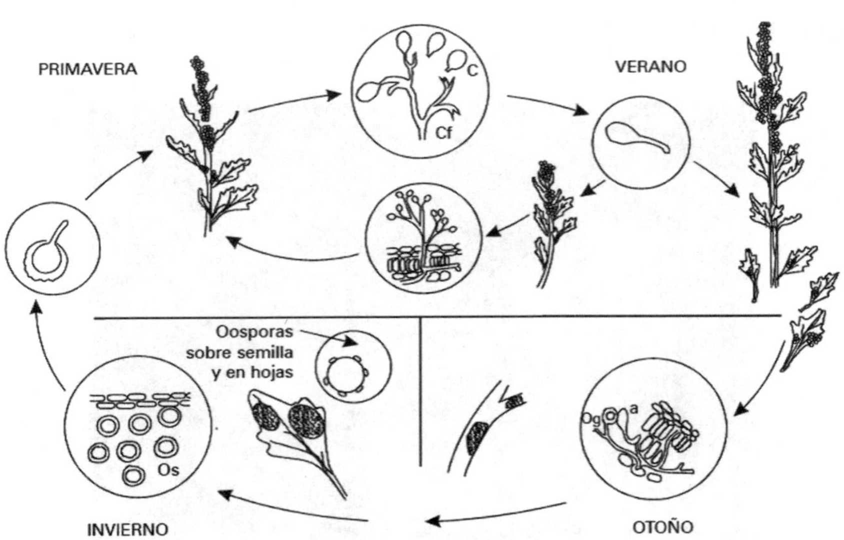

Gráfico 1. Ciclo de vida de *Peronospora farinosa*. **Cf:** conidioforo; **c:** conidio; **a:** anteridio; **Og:** oogonio; **Os:** oospora (Alandia et al., 1979).

Los autores mencionan tres puntos claves que llevan a inferir la alta diversidad de este patógeno. En primer lugar el hospedero tiene un alto grado de diversidad genética y plasticidad. El mildiu es encontrado en regiones geográficas y climáticas diferentes, demostrando su gran adaptabilidad. En tercer lugar, la reproducción sexual de este microrganismo es frecuente, lo que permite extender su diversidad genética y generar patotipos nuevos y más agresivos (Danielsen et al., 2003).

SÍNTOMAS

Los síntomas en quinua varían dependiendo del cultivar, estado de crecimiento y de las condiciones ambientales (Figuras 1 y 2). Típicamente inicia con lesiones pálidas o cloróticas en la superficie de las hojas juntamente con áreas de esporulación de coloración gris-violácea en el envés de las hojas. Posteriormente, estas pueden necrosar y reducen el área fotosintética. Dependiendo del genotipo de la planta las lesiones pueden ser pequeñas y numerosas o grandes, difusas e irregulares. En algunos casos las lesiones se tornan púrpura o rojizas. Reacciones de hipersensibilidad también han sido observadas, con pequeñas manchas necróticas; también ha sido observada la defoliación completa de las plantas. Sin embargo, es difícil estimar cuánto de ella se debe a la enfermedad ya que otros factores que producen estrés fisiológico como la sequía, salinidad o el frio a los que están expuestas las plantas en los andes, también causan defoliación. Infecciones sistémicas, probablemente causadas por oósporos presen-

Figura 1. Mildiu en hoja causado por *Peronospora farinosa*. Foto: Elva Campos.

Figura 2. Mildiu causado por *Peronospora farinosa* en plantación de quinua. Foto: Elva Campos.

tes en la semilla pueden causar enanismo y amarillamiento (Danielsen et al., 2003).

Cuantificación de los daños y pérdidas

El mildiu es la enfermedad más severa de la quinua (Figura 3) y se han reportado daños de 33 a 58% en la producción, aún en los cultivares más resistentes (Danielsen et al., 2000), siendo el daño aquí entendido como cualquier reducción en la cantidad y/o calidad de la producción (Amorim et al., 2011). Por otra parte, Danielsen y Munk (2004) reportaron daños de 33 a 99% bajo alta presión de la enfermedad en Huancayo, Perú, mientras que en la ciudad de Lima el daño fue de 6 a 29%. La defoliación completa por causa de *Peronospora* en los cultivares más susceptibles puede suceder.

La elección de un método de estimación de daños y/o pérdidas por causa de la enfermedad es de suma importancia para el estudio de la epidemiologia de la enfermedad, determinación de las pérdidas en la producción, determinación de la patogenicidad y virulencia y evaluación de la resistencia o susceptibilidad de las variedades (Danielsen et al., 2003).

Para superar las desventajas de los diferentes métodos para estimar la severidad de la enfermedad Danielsen et al. (2003), propusieron la cuantificación del área foliar sana, la medición del porcentaje de reflectancia a 800 nm de longitud de onda o en dos longitudes de onda, siendo en el último caso posible el cálculo del índice relativo de vegetación (IRV), el

Figura 3. Mildiu causado por *Peronospora farinosa* en planta de quinua. Foto: Elva Campos.

cual está altamente correlacionado con la biomasa y la producción final de semillas y, por lo tanto, indican cualquier diferencia en la cobertura foliar debido a los diferentes niveles de mildiu dentro de un cultivar. La medida de la reflectividad, por tanto, es un parámetro interesante siempre que un control negativo esté disponible.

Según Danielsen y Munk (2004), el modelo de tres hojas (consistente en el promedio de la severidad de una hoja del tercio superior, medio e inferior de plantas seleccionadas al azar), es el mejor método para evaluar la severidad de la enfermedad, comparado a otros seis métodos estudiados por él. Los autores determinaron que el método de colecta de tres hojas fue el que mejor se correlacionó con el ABCPE (área bajo la curva de progreso de la enfermedad), y la producción, además de ser rápido, barato, reproducible y fácil para determinar la severidad. Por otra parte el ABCR (área bajo la curva de reflectividad), con el cual se obtienen datos de defoliación bastante precisos, tuvo una alta correlación con el ABCPE calculado con el método de las tres hojas, y la producción. Sin embargo, el método de dos puntos (*two-point assessment method*) fue el que mejor se ajustó en las condiciones de India según Kumar et al. (datos no publicados, citado por Bhargava et al., 2006).

En condiciones de baja presión de la enfermedad estas escalas no funcionan bien y es preferible usar escalas porcentajes (Danielsen & Munk, 2004). La infección en la planta produce un gradiente, siendo más severo en el tercio inferior y decreciendo hacia el tercio superior. Esto se debería probablemente a que las hojas del tercio inferior están expuestas por más tiempo al inóculo por ser las más viejas. Otra explicación podría ser la menor susceptibilidad de la planta conforme pasa más tiempo, el cual es un fenómeno generalizado en los seres vivos (Danielsen & Munk, 2004).

Un aspecto en el que se debe tener precaución es al relacionar las pérdidas con la estimación del ABCPE. Las variedades más tardías mostraron bajas ABCPE indicando altos niveles de tolerancia. Sin embargo las pérdidas fueron de 33 a 58%, más altas de lo esperado. Esto podría deberse a la defoliación o a un mayor crecimiento de las hojas respecto al desarrollo de las lesiones, lo que llevaría a la falsa impresión de que la severidad se mantiene constante. Una de las desventajas del ABCPE es que no estima la defoliación, además de no discriminar entre las infecciones tempranas y tardías (Danielsen & Munk, 2004).

Control del mildiu

Comúnmente el mildiu es controlado productos químicos con ingredientes activos como metalaxil. Estos productos tienen efectos colaterales adversos, principalmente cuando utilizados de forma inadecuada, como daños al ambiente y al hombre, desarrollo de resistencia en el patógeno como ya fue reportado en *Peronospora parasitica* y *Phytophthora infestans*. Por otra parte, la mayoría de productores de quinua son de escasos recursos económicos. Es posible que con incentivos para la producción orgánica e inversión en la generación de tecnología pueda controlarse la enfermedad de manera más eficiente haciendo uso de la resistencia genética y prácticas culturales eficientes (Danielsen et al., 2003; Danielsen & Ames, 2004).

Prácticas culturales

Las experiencias en Bolivia han mostrado que las prácticas que reducen la humedad relativa en el microclima de la quinua pueden interferir con la enfermedad. Estas prácticas se basan en el distanciamiento adecuado entre plantas e hileras, orientación del campo contra los vientos predominantes y en evitar el exceso de agua en el campo. Esto debe ser realizado de forma integrada con otras medidas para poder controlar la enfermedad (Danielsen et al., 2003).

Resistencia del hospedero

De acuerdo con danielsen et al. (2003), hasta esa fecha aún no existían variedades mejoradas para resistencia a mildiu, aunque las diferencias en susceptibilidad son claras y vienen siendo observadas por los propios productores desde hace mucho tiempo. Los mecanismos genéticos de la resistencia en quinua aún no han sido investigados.

El mejoramiento hasta el momento, ha sido dirigido principalmente a la obtención de variedades más productivas y por tanto con mayor tamaño de inflorescencia, diámetro de tallo y con menor nivel o ausencia de saponinas, como también para granos grandes y alta homogeneidad. Así, híbridos y variedades de quinua están siendo desarrollados y evaluados en otros ambientes diferentes en altitud, temperatura y régimen hídrico como por ejemplo en Planaltina, Brasil, donde Spehar y Santos (2005), evaluaron el rendimiento y características morfológicas y fisiológicas de 26 híbridos provenientes de ocho variedades. Desde la década de los 90, se ha confirmado el potencial de cultivo comercial de esta especie en ese país.

A pesar de las dificultades en realizar mejoramiento genético con enfoque interdisciplinar en *Ch. quinua* que es un cultivo poco estudiado, actualmente existen algunos programas de mejoramiento en Bolivia y Perú cuyos objetivos se enfocan principalmente en la producción, resistencia a enfermedades (Ochoa et al., 1999), tolerancia a la sequía, contenido de saponinas y desarrollo de marcadores moleculares para manejar germoplasma y facilitar el mejoramiento tradicional (Maughan et al., 2004).

Se cree que la susceptibilidad al mildiu está relacionada a la duración de la temporada de crecimiento ya que los cultivares precoces se muestran más susceptibles (Bonifacio & Saravia, 1999).

Como es de esperar, pensando en términos de evolución, los genotipos de quinua domesticados en regiones secas, donde la incidencia de mildiu es baja, no poseen la resistencia encontrada en los genotipos de los valles o regiones bajas de Bolivia, Perú y Ecuador donde la incidencia es alta. Esto se debería a que los genes de resistencia simplemente se fueron perdiendo o porque estos genes representan una carga en las áreas donde el patógeno no es endémico Danielsen et al. (2003).

Existen indicios de que las especies silvestres *Ch. hircinum*, *Ch. nuttalliae*, *Ch. petiolare*, *Ch. album* y *Ch. ambrosioides* albergan genes de resistencia al mildiu. Actualmente la mayor parte de la diversidad genética se encuentra en colecciones de germoplasma en Bolivia, Perú y Ecuador con aproximadamente 5.000 accesiones (Danielsen et al., 2003).

Para identificar y caracterizar accesiones para resistencia es ideal mantener condiciones controladas. Ochoa et al. (1999) desarrollo un método en el cual plantas de 18 días de edad son inoculadas con una suspensión de 10^5 esporas por mililitro y luego son incubadas por siete días bajo condiciones de temperatura y luminosidad controladas. Finalmente la respuesta a la enfermedad es cuantificada con una escala que va de 0 a 5.

Maughan et al. (2004) hicieron un mapeo genético en cuatro líneas de quinua como base para posteriores estudios genéticos y agronómicos respecto a características importantes como el contenido de saponinas, producción de grano, resistencia a enfermedades, al frio, a la sequía, entre otros.

Enfermedades de menor importancia

MANCHAS FOLIARES

La mancha foliar de la quinua es causada por el hongo *Ascochyta hyalospora* (Cooke & Ellis) que infecta la semilla. Los síntomas típicos son manchas circulares claras de 0,5 a 1 cm y bordes marrón claro. Estas manchas pueden volverse necróticas, presentando picnidios negros que pueden verse a simple vista. Puede existir pérdida de hojas si la infección es severa (Danielsen et al., 2003).

En Bolivia se han registrado niveles de infección de 7,8 a 26,3% pero actualmente no es considerada como una enfermedad importante (Danielsen et al., 2003).

PUDRICIÓN MARRÓN DEL TALLO

Es causada por *Phoma exigua* var. *foveata* (Foister) Boerema. Fue observada por primera vez en Puno entre los años 1974 y 1975. Los síntomas inician con manchas húmedas y pequeñas en el tercio superior del tallo. Estas lesiones aumentan de tamaño hasta cubrir gran parte del tallo y la inflorescencia, cuando es posible observar puntos oscuros en la superficie, correspondiente a los picnidios del hongo. Las hojas se muestran cloróticas y el tallo pierde resistencia sobreviniendo el acame (Danielsen et al., 2003).

Phoma exigua es un patógeno de suelo y se desarrolla bien en áreas con bajas temperaturas y alta humedad, condiciones predominantes en los Andes. Al parecer, los daños mecánicos como los producidos por las granizadas facilitan en gran medida la infección (Danielsen et al., 2003).

Aunque hasta la fecha esta enfermedad no representa una amenaza a la producción por ser esporádica, la alternancia de quinua con papa

puede generar problemas pues se ha encontrado que este segundo cultivo también es hospedero de *P. exigua* (Danielsen et al., 2003).

Muerte súbita causada por *Rhizoctonia* y marchitez causada por *Fusarium*

Fueron aislados en 1998 pero no existe mayor información al respecto. Por ser ambos habitantes del suelo y afectar un amplio rango de hospederos, su potencial para causar enfermedades es alto (Danielsen et al., 2003).

Pudrición de las raíces y decaimiento

Primera vez reportado en California en 1980, es causado por *Sclerotium rolfsii* Sacc. Causa daños antes y después de la emergencia de la planta, con anillamiento del tallo y colapso (Danielsen et al., 2003).

Otro patógeno que causa la misma enfermedad es *Pythium zingiberum* que ataca principalmente los rizomas del jengibre o kión (Ikeda & Ichitani, 1985).

Estas enfermedades causadas por *Sclerotium* y *Pythium* aún no fueron reportadas en América del Sur pero estos y otros microorganismos podrían ser un problema en el futuro y a mediano plazo con los esfuerzos de producir esta especie de grandes cualidades alimenticias en otras partes del mundo (Danielsen et al., 2003).

Olpidium

La mayor parte de especies vegetales terrestres albergan simbiontes en sus raíces. Sin embargo, la familia *Chenopodiaceae*, a la cual pertenece la quinua, está conformada principalmente por especies no micorrízicas. Urcelay et al. (2011), encontraron raíces con poca o ninguna colonización por hongos micorrízicos en *Ch. quinoa* producido a 3 700 m.s.n.m. Estos autores llamaron la atención para realizar mayores estudios en el papel de *Olpidium* sp. (Chytridiomycota) que a pesar de no ser un patógeno radicular agresivo, es responsable por la transmisión de varios vírus y con el aumento de las áreas de cultivo podría volverse un problema importante.

Otros usos de quinua dentro de las enfermedades de las plantas

Como organismo modelo y estudio de la etiología de las enfermedades, los virologistas prefieren trabajar generalmente con plantas de tabaco porque estas facilitan la infección y purificación y los síntomas

producidos son específicos de la especie. Sin embargo, las plantas de quinua tienen también varias ventajas para su utilización en el estudio de vírus de plantas. Por ejemplo, varias variedades de quinua son bastante usadas como plantas indicadoras y son hospederas de diferentes vírus de plantas, con síntomas de lesiones locales. Es así que tenemos estudios como el de Kim et al. (2012) en el cual, los autores demostraron que en dos especies de vírus pertenecientes a la familia *Tombusviridae*, además de la proteína capsidial, la proteína p19 tiene un papel fundamental en la infección sistémica. Previamente ellos habían encontrado que aislados de los vírus TBSV-S y GALV-N inducían diferentes síntomas en plantas de quinua, siendo sistémicos con la inoculación mecánica del primer vírus y locales con el segundo.

Otro ejemplo de aplicación práctica de la quinua es en la cuarentena para la entrada de material reproductivo o propagativo en un país. Por ejemplo, Verhoeven y Roenhorst (2003) encontraron que *Nicotiana occidentalis*, *N. hesperis*, *Ch. quinoa* y *Ch. amaranticolor* son plantas indicadoras eficientes para la detección de cerca de 30 vírus conocidos y sus variantes serológicas que podrían ingresar en material propagativo o reproductivo de papa importada a los Estados Unidos.

La cáscara externa de la quinua constituye entre el 8 y 12% del peso del grano, y el alto contenido de saponinas triterpenoides la convierte un residuo de la industria sin valor comercial y una característica indeseable que se busca reducir en los cultivares mediante mejoramiento. Sin embargo este alto contenido puede tener una utilidad en el control de enfermedades como la causada por *Botrytis cinerea*, como fue demostrado en un estudio realizado por Stuardo y San Martín (2008), con reducciones de 20 a 30% de severidad. Estos autores encontraron que las saponinas – 33% (peso/peso) – de una variedad amarga tratadas con sustancias alcalinas poseen una notable actividad fungicida, probablemente por causa de la formación de derivados de saponina más hidrofóbicos y quizás alta afinidad con los esteroles presentes en las membranas celulares de este hongo causante de podredumbre de diversas frutas cuyo control convencional a base de benzimidazoles y dicarboximidas es problemático debido al desarrollo de resistencia.

Referencias bibliográficas

AMORIM, L.; BERGAMIN, A. Fenología, patometría e quantificação de danos. In: AMORIM, L.; REZENDE, J. A. M.; BERGAMIN, A. (Eds.). **Manual de fitopatologia.** 4. ed. Piracicaba: Ceres, 2011, p. 704.

BHARGAVA, A.; SHUKLA, S.; OHRI, D. *Chenopodium quinoa* – An indian perspective. **Industrial Crops and Products**, v. 23, p. 73-87, 2006.

BONIFACIO, A.; SARAVIA, R. Evaluación de la resistencia al mildiu en quinoa. In: **Tercer taller de preduza en resistencia duradera en cultivos altos en la Zona Andina, Cochabamba, Bolivia,** 1999, p. 49-59.

DANIELSEN, S. Heterothallism in *Peronosporafarinose* f. sp. *chenopodii*, the causal agent of downy mildew of quinoa (*Chenopodium quinoa*). Short Note. **Journal of Basic Microbiology**, v. 41, n. 5, p. 305-8, 2001.

DANIELSEN, S.; AMES, T. **Mildew (*Peronospora farinosa*) of quinoa (*Chenopodium quinoa*) in the andean region:** practical manual for the study of the disease and the pathogen. International Potato Center, 2000; Utah, EUA: Benson Agriculture and Food Institute, 2004. 31p.

DANIELSEN, S.; MUNK, L. Evaluation of disease assessment methods in quinoa for their ability to predict yield loss caused by downy mildew. **Crop Protection**, v. 23, p. 219-28, 2004.

DANIELSEN, S.; BONIFACIO, A.; AMES, T. Diseases of quinoa (*Chenopodium quinoa*). **Food Review International**, v. 19, n. 1-2, p. 43-59, 2003.

DANIELSEN, S. et al. Impact of downy mildew on the yield of quinoa. In: **CIP Program Report 1999-2000.** Lima, Perú: International Potato Center, 2001, p. 397-401.

DANIELSEN, S. et al. Correlación entre métodos de evaluación y pérdida de rendimiento en el patosistema quinua-mildiu. **Fitopatología**, v. 35, n. 4, p. 242-8, 2000.

KIM, S. et al. The p19 protein of Grapevine Algerian latent virus is a determinant of systemic infection of *Chenopodium quinoa*. **Virus Research,** v. 165, p. 81-9, 2012.

MAUGHAN, P. J. et al. A genetic linkage map of quinoa (*Chenopodium quinoa*) based on AFLP, RAPD, and SSR markers. **Theoretical and Applied Genetics**, v. 109, p. 1.188-95, 2004.

OCHOA, J.; FRINKING, H. D.; JACOBS, T. H. Postulation of virulence groups and resistance factors in the quinoa/downy mildew pathosystem using material from Ecuador. **Plant Pathology**, v. 48, p. 425-30, 1999.

SPEHAR, C. R.; SANTOS, R. L. B. Agronomic performance of quinoa from Brazilian Savannah. **Pesquisa Agropecuária Brasileira**, Brasília, v. 40, n. 6, p. 609-12, 2005.

STUARDO, M.; SAN MARTÍN, R. Antifungal properties of quinoa (*Chenopodium quinoa* Willd.) alkali treated saponins against *Botrytis cinerea*. **Industrial Crops and Products**, v. 27, p. 296-302, 2008.

TAPIA, M. E. Agronomía de los cultivos andinos. In: **Cultivos andinos sub-explotados y su aporte a la alimentación**. 2. ed. Organización de las Naciones Unidas para la Agricultura y la Alimentación, 1997.

URCELAY, C.; ACHO, J.; JOFFRE, R. Fungal root symbionts and their relationship with fine root proportion in native plants from the Bolivian Andean highlands above 3,700 m elevation. **Mycorrhiza**, v. 21, p. 323-30, 2011.

VERHOEVEN, J. T. J.; ROENHORST, J. W. Detection of a broad range of potato viruses in a single assay by mechanical inoculation of herbaceous test plants. **Bulletin OEPP/EPPO**, v. 33, p. 305-11, 2003.

5

Propiedades nutricionales y químicas de quinua

Cynthia M. Moncada Valerio[1]
Eleonora Zambrano Blanco[2]

Introducción

La quinua (*Chenopodium quinoa* Willd.) es una planta nativa de la región andina con gran valor nutricional, que se destaca principalmente por sus atributos correctivos y terapéuticos (Romo et al., 2011). Reconocida a través de una experiencia milenaria, esta especie hizo parte de la dieta de los antiguos pueblos de América del Sur, como los Incas. Además, fue considerada el reemplazo de las proteínas animales (FAO, 2011), permitiendo dese modo el aprovechamiento de su valor nutricional

1. Facultad de Ciencias Farmacéuticas, Bioquímicas y Biotecnológicas de la Universidad Católica de Santa María, Urb. San José s/n, Umacollo, Arequipa, Perú. cynthia.moncada24@gmail.com
2. Escola Superior de Agricultura "Luiz de Queiroz" da Universidade de São Paulo – Esalq/USP. Departamento de Genética – Laboratório de Diversidade Genética e Melhoramento. Av. Pádua Dias, 11. Caixa Postal 9. Cep 13418-900, Piracicaba, SP, Brasil.

y balance. La quinua es un recurso rico en un amplio rango de minerales, vitaminas y aceites, sobresaliendo por sus grandes cantidades de linolato, linolenato y antioxidantes naturales (Valencia-Chamorro, 2003).

A pesar de ser una especie poco valorada en términos de consumo, la quinua actualmente representa una alternativa viable para agricultores familiares y campesinos que reconocer su alto valor alimenticio. De hecho, el verdadero valor de la quinua radica, principalmente, en la calidad de las proteínas, es decir, en la combinación de los diferentes aminoácidos esenciales para la alimentación humana, que es lo que le otorga un alto valor biológico (Mujica & Jacobsen, 2006; Arturo et al.,1985).

Propiedades químicas, nutricionales y físicas

La importancia de dar el valor adecuado a los alimentos está en el conocimiento de su naturaleza química, de las transformaciones que sufren y finalmente de los efectos que producen en el consumidor. Dese modo, se puede establecer tanto su valor cuantitativo como cualitativo. En la práctica bromatológica se utilizan análisis químicos. Sin embargo, los resultados químicos no expresan en sí, la dinámica de las interacciones. Habría que añadir también la variabilidad de materiales relacionadas con la edad de maduración de la planta, las diferencias vegetales, la localización del cultivo y el nivel de fertilidad de los campos, éstos serían los principales factores de modificación de dichos resultados.

En las últimas décadas, la quinua ha sido evaluada como un alimento con características nutricionales excelentes por el Consejo Nacional de Investigación y Administración Nacional del Espacio y la Aeronáutica (Nasa – National Aeronautics and Space Administration). Adicionalmente, ha sido referenciada como un producto alimenticio nuevo en el mundo, con ventajas nutricionales frente a otros cereales y pseudocereales. Los granos de quinua contienen diferentes tipos de nutrientes entre los que se encuentran: carbohidratos, proteínas, un espectro balanceado de aminoácidos de alto nivel, lípidos, además de poseer una alta fibra dietética (Repo-Carrasco-Valencia et al., 2011). Los granos de quinua son también ricos en nutrientes minerales como: K, Ca, Mg, P y Fe; siendo más altos que otros cereales convencionales.

La Tabla 1 presenta la composición de la quinua en comparación con otros cereales (cebada, maíz, arroz, trigo, avena) y legumbres (soya). Se puede notar que la quinua posee valores superiores de grasa, proteínas, cenizas y fibra. El contenido de grasa o lípidos es de 4 a 9%, de los cuales la mitad tiene ácido linoleico, que es esencial para la dieta en niños y adultos.

Tabla 1. Composición química de la quinua y algunos cereales-legumbres (g/100 g^{-1} de peso seco).

	Quinua	**Cebada**	**Maíz**	**Arroz**	**Trigo**	**Avena**	**Soya**
Proteína	16,5	10,8	10,22	7,6	14,3	11,6	36,1
Grasa	6,3	1,9	4,7	2,2	3,3	5,2	18,9
Fibra	3,8	4.4	2,3	6,4	2,8	10,4	5,6
Ceniza	3,8	2,2	11,7	3,4	2,2	2,9	5,3
Carbohidratos	69,0	80,7	81,1	80,4	78,4	69,8	34,1
Kcal/100g^{-1}	399,0	383,0	408,0	372,0	392,0	372,0	451,0

Fuente: Valencia-Chamorro, 2003

El contenido de fibra (3,8%) está casi a la par con el de la cebada (4,4%) y mayor que el de trigo (2,8%), lo que nos indica que contribuiría a facilitar funciones digestivas y aumentaría el volumen del contenido intestinal, siendo benéfico en personas con enfermedades del colon (Repo-Carrasco-Valencia et al., 2011).

Podemos observar además, que la quinua tiene un 16,5% de proteína, siendo mayor que en cereales y legumbres como la cebada, el maíz, arroz, trigo y avena, los cuales son consumidos habitualmente en la dieta y nos brindan un gran aporte de energía (Tabla 2). Las proteínas de la quinua tienen un alto grado de aminoácidos: lisina, metionina y cistina. (Ranhotra et al., 1993).

Proteínas

Las proteínas son macromoléculas compuestas formadas por cadenas de aminoácidos unidas por enlaces peptídicos. En la quinua, proteínas como la albumina y la globulina, entre otras, han sido caracterizadas por electroforesis (Bhargava et al., 2005). Almacenadas en los granos, estas proteínas son fuente de nutrientes para los seres humanos (Corrai et al., 2007; Brinegar & Goudan, 1993). Otras proteínas específicas de los granos han sido aisladas y caracterizadas, como la proteína 11S, también llamada como chenopodina. La 11S es una proteína hexamérica que contiene seis pares de subunidades ácidas e básicas, con cada par subunidade unida por una ligación disulfuro. La chenopodina es una de las fracciones almacenadas más importantes (37% de la proteína total).

La globulina, proteína oligomérica con una estructura cuaternaria purificada por filtración en gel (320 kDa) y específicamente la globulina de la quinua, está compuesta de monómeros o subunidades que consisten en un polipéptido básico y acídico con masa molecular de 20-25 y 30-40 kDa, respectivamente, ligada a enlaces disulfuro. Brady et al. (2007) determinó la composición de los aminóacidos: polipéptidos A y B, en comparación con la composición de la chenopodina nativa. La chenopodina tiene un alto contenido de glutamina, ácido glutámico, asparagina, ácido aspártico, arginina, serina, leucina y glicina. De acuerdo con la FAO (2011) la chenopodina cumple con los requisitos para la leucina, isoleucina, fenilalanina y tirosina, la mitad de los aminóacidos esenciales para el organismo.

Otra proteína importante es la 2S (35% de proteína total) conocida también como albúmina, con una masa molecular de 8-9 kDa. Brinegar et al. (1996), informó que la proteína purificada 2S es una colección heterogénea de polipéptidos con una masa molecular de 8-9 kDa en condiciones reductoras. La composición de aminoácidos de esta proteína mostró un alto contenido en cisteína, arginina e histidina. La composición de aminoácidos ha sido estudiada (Ranhotra et al., 1993; Repo-Carrasco et al., 2003; Wright et al., 2002). Los aminoácidos que contiene la quinua frente a otros alimentos y a los que recomienda la FAO (2011) se mencionan a continuación en la Tabla 2.

Podemos destacar que la histidina, isoleucina y metionina que posee la quinua, sobrepasan y cumplen con los requerimientos esenciales de la FAO con un valor de 2,6 mg $100\%^{-1}$ para histidina. Se puede apreciar también que contiene los 6 aminoácidos esenciales para el crecimiento y

Tabla 2. Aminoácidos esenciales en la quinua y otros alimentos (g/100 g^{-1} proteína).

	Quinua	Maíz	Arroz	Trigo	Leche	FAO
Histidina	3,2	2,6	2,1	2,0	2,7	2,6
Isoleucina	4,9	4,0	4,1	4,2	10,0	4,6
Leucina	6,6	12.5	8,2	6,8	6,5	9,3
Lisina	6,0	2,9	3,8	2,6	7,9	6,6
Metionina	5,3	4,0	3,6	3,7	2,5	4,2
Fenilalanina	6,9	8,6	10,5	8,2	1,4	7,2

Fuente: Repo-Carrasco-Valencia et al. (2011); FAO (2011).

desarrollo adecuado del organismo humano, los que son consumidos en forma directa, ya que no se pueden sintetizar a partir de otros. Además, el balance adecuado e ideal de dichos aminoácidos, la hace un alimento excepcional dentro de los alimentos naturales y altamente proteicos.

La lisina, aminoácido generalmente faltante dentro del reino vegetal y altamente potencializado en la quinua, es responsable por la formación del cerebro en las primeras etapas de desarrollo del ser humano, de ahí la importancia de su consumo en la dieta de niños y adultos que deseen tener una alimentación adecuada (Millward, 1999). En la Tabla 3 se observa el porcentaje de proteína de cada una de las diferentes variedades de quinua:

Tabla 3. Porcentaje de proteína en diferentes variedades de quinua en 100 g de porción comestible.

Variedad de quinua	Porcentaje de proteína
Quinua Blanca (Junín)	12,2
Quinua Blanca (Puno)	11,5
Quinua Willd. Cruda (Perú)	13,6
Quinua dulce blanca (Puno)	11,1
Quinua W. dulce blanca (Puno)	11,6
Quinua W. dulce rosada (Junín)	12,3
Quinua rosada (Puno)	12,5
Quinua dulce Quitopamba	17,0
Quinua amarga Nariño	16,9
Otras quinuas	13,7
Quinua Pasankalla Bolivia	10,6
Quinua común amarilla (Chile)	13,0
Quinua (Ecuador)	14,2
Quinua dulce (Bolivia)	10,5
Quinua Real (Bolivia)	11,8
Quinua coitu (Bolivia)	13,5
Quinua Pito (Bolivia)	12,3
Quinua Qaslala (Bolivia)	10,4
Quinua (Colombia)	16,4

Fuente: Fao (2011); Kumpun et al. (2011).

Carbohidratos

Los carbohidratos desempeñan una función nutricional básica y pueden tener diferentes efectos en la salud, tales como: suministro de energía, efectos sobre la saciedad/vaciado gástrico, el control de glucosa en la sangre y el metabolismo de la insulina, glicosilación de proteínas, colesterol y triglicéridos. Pueden ser clasificados de acuerdo al grado de polimerización en tres principales grupos: azúcares (monosacáridos, disacáridos, polioles, oligosacáridos y polisacáridos (almidón y sin almidón) (FAO, 2011). Los carbohidratos de la quinua pueden ser considerados como nutracéuticos ya que poseen efectos beneficiosos hipoglucemiantes e inducen la disminución de los ácidos grasos libres (Mensik et al., 2003). Los estudios realizados en individuos con enfermedad celíaca mostraron que el índice glucémico de la quinua fue ligeramente inferior que el gluten presente en pasta y pan (Del Castillo et al., 2009). El almidón es el componente principal de los carbohidratos de la quinua entre un 32 y 69,2% (FAO, 2011).

La digestibilidad *in vitro* (α-amilasa) del almidón de la quinua fue reportada por Ruales & Nair (1994), con un 22%, por lo que se concluyó que las saponinas no afectan la digestión del almidón.

Lípidos y composición lipídica

La quinua ha sido considerada como una alternativa oleaginosa debido a su fracción lipídica. Además de su alto contenido y calidad biológica de sus proteínas, la quinua tiene una composición lipídica interesante entre un 1,8-9,5%. Tiene un contenido de aceite (7% en base seca) más alto que el maíz (4,9% en base seca) e inferior a la soja (20,9% en base seca) reportado por Stikic et al. (2012), donde muestra que los cuerpos de lípidos son los componentes de almacenamiento de las células del endospermo y tejidos de embriones.

De acuerdo con Jancurová et al. (2009), los lípidos de la quinua contienen altas cantidades de lípidos neutros en toda la semilla en las fracciones analizadas. Los triglicéridos son la fracción más importante presente, representando más del 50% de los lípidos neutros. Los diglicéridos están presentes en las semillas enteras y contribuyen al 20% de las fracciones lipídicas neutras.

La lisofosfatidiletanolamina y fosfatidilcolina son los lípidos más abundantes (57%) del total de lípidos polares. Algunos investigadores (Oshodi et al., 1999; Ranhotra et al., 1993; Ryan et al., 2007) han caracterizado la composición de ácidos grasos de los lípidos de la quinua de la siguiente

manera: saturado totalmente: 19-12,3%, ácido palmítico total: 25-28,7%, monoinsaturados: ácido oleico y total, 58,3%, ácido linoleico, aproximadamente 90%. Los ácidos grasos esenciales se metabolizan a cadenas más largas de 20 y 22 átomos de carbono, así podemos ver que el ácido linoleico se metaboliza a ácido araquidónico y ácido linolénico e eicosapentaenoico (EPA) y ácido docosahexaenoico (DHA).

Tanto EPA como DHA desempeñan importantes papeles en el metabolismo de las prostaglandinas, la trombosis y la aterosclerosis, cumpliendo una función en la inmunología y la inflamación. Los ácidos grasos esenciales, como los ácidos linoleico y linolénico, son ácidos importantes y sustratos necesarios en el metabolismo de los animales (Mensik et al., 2003)

Capacidad antioxidante, compuestos fenólicos y flavonoides

Según Hirose et al. (2010), los granos de quinua confirman poseer grandes cantidades de los glucósidos como son la quercetina y el kaempferol. Se observó que, las actividades antioxidantes de los granos de quinua frente a los radicales DPPH mostraron ser más fuertemente asociados al contenido fenólico. Las cantidades de quercetina y kaempferol que se encuentran en la quinua se forman mediante la vía de hidrólisis acídica.

Basado en diversos reportes (Dorman et al., 2003; Arora et al., 1998) sobre la relación entre su estructura y su actividad captadora de radicales libre, la quercetina es el antioxidante más fuerte dentro de los flavonoides. Estudios *in vitro* (Moskaug et al., 2004; Holmman et al., 1997) han revelado sus diversos efectos biológicos como: la inducción a la apoptosis, modulación del ciclo celular, inhibición de la proteína quinasa, entre otros.

Rapo-Carrasco-Valencia et al. (2010) reportó un contenido de taninos de 0,051% en quinua, un valor comparable al de amaranto (*Amaranthus spp*). Los contenidos declarados fueron 251,5 mg/g^{-1} de ácido ferúlico, 0,8 mg/g^{-1} de ácido p-cumárico y 6,31 mg/g^{-1} de ácido caféico. Estos autores encontraron la actividad antioxidante expresándolo como total de captura de radicales con poder antioxidante y iones férricos para reducir el poder antioxidante, cobre (Cuprac) y óxido nítrico (NO). El valor de poder antioxidante para la quinua fue de 251 mLnM en el extracto de acetona y 1,686 mLnM en extracto acuoso, el valor del poder antioxidante reductor del hierro (Frap) fue de 2,3 mm equivalente a Trolox, un valor Cuprac de 5 mm equivalente Trolox y 32% de NO, mostraron que la quinua tiene mayor actividad antioxidante que algunos cereales como el arroz y el trigo.

Saponinas

Las saponinas son un amplio grupo de glucósidos encontrados en las plantas que contienen cadenas de azúcar y una triterpenoide aglicona (sapogenina) en su estructura. Clasificadas de acuerdo con el número de cadenas de azúcares como: mono, di, o tridesmosídico, han sido identificadas cuatro estructuras principales de saponinas: el ácido oleanólico, ácido fitolaccagénico, ácido serjánico y hederagenina. Su nombre proviene de la planta del género Saponaria, cuya raíz se utiliza como jabón (Ridout et al., 1991) por lo que son solubles en agua y forman espuma en soluciones.

Las saponinas son glucósidos de esteroides o de triterpenoides, este último encontrado más comúnmente en los cultivos. Estos compuestos tienen un sabor amargo y son considerados tóxicos en grandes cantidades. Madl et al. (2006) aisló 20 saponinas triterpenos de diferentes partes de *Chenopodium quinoa* (flores, frutos, cubiertas de las semillas y las semillas), observando que el contenido de sapogenina en las semillas de genotipos dulces varió de 0,02% a 0,04%, y en las semillas de los genotipos amargos de 0,14% a 2,3%. Estos valores son mayores que los de soja y avena, pero menores que en guisante verde y yuca.

Las saponinas están presentes en la planta de la quinua, siendo que su función natural es la defensa de la planta y de los granos desde el medio externo. Tal como es reportado por Kumpun et al. (2011), las saponinas contienen ecdisteroides, que son hormonas y metabolitos secundarios de las plantas (fitoecdisteroides) responsables por dicha función de defensa. En general, las saponinas están presentes en la cubierta de la semilla y son consideradas el principal factor antinutricional, pudiendo ser parcialmente eliminadas por el lavado con agua, pero incluso después de lavadas, las saponinas permanecen en la semilla. Se recomienda el uso de agua ligeramente alcalina en vez de agua neutral.

En otros estudios, Kuljanabhagavad et al. (2008), aisló diferentes partes de quinua (flores, frutas y granos), encontrando veinte saponinas triterpenos (1-20), cuyas estructura fueron elucidadas por análisis de datos químicos y espectroscópicos que incluían 1D- y 2D-NMR. Así, fueron identificados cuatro componentes.

Saponinas monodesmosídicas hemolíticamente activas fueron encontradas al estudiar la toxicidad a los camarones en salmuera (Stuardo et al., 2008). Es posible que la hemólisis pueda ser producida por la interacción de las saponinas con las membranas, produciendo poros que conducen a la ruptura de la misma. Se describen principalmente saponinas con un aldehído como grupo citotóxico.

Las saponinas han mostrado diversas actividades farmacológicas como: insecticidas, antibióticos, fungicidas, analgésicos, antiinflamatorios, antioxidantes, antivirales, además de efectos sobre la absorción de minerales y vitaminas, aumento en la permeabilidad de la mucosa intestinal y la reducción de la absorción de grasas (Price et al., 1987; Kensil, 1996). Sin embargo, las propiedades biológicas de las saponinas de quinua requieren más estudios. Stuardo et al. (2008) encontró saponinas de quinua (glucósidos del ácido oleanólico y hederagenina) mostrando actividad antifúngica contra *Candida albicans*, encontrando una actividad antifúngica superior contra *Botrytis cinerea*.

Finalmente, las saponinas tienen importancia comercial e industrial, ya que son utilizadas en la preparación de jabones, detergentes y champús (Ridout et al., 1991).

MINERALES Y VITAMINAS

El calcio es responsable de muchas funciones estructurales de los tejidos duros y blandos del organismo, así como de la regulación de la transmisión neuromuscular de estímulos químicos y eléctricos, la secreción celular y la coagulación sanguínea. Por esta razón el calcio es un componente esencial en la alimentación. El aporte diario recomendado de calcio es de 400 mg.día^{-1} para niños de 6 a 12 meses a 1.300 mg.día^{-1} para adultos (FAO, 2011; WHO, 2000). Este valor se cubre con un consumo medio en alimentos de 800 a 1.000 mg.día^{-1}. La quinua aporta de 114 a 228 mg.%$^{-1}$.

El mayor porcentaje de calcio en las diferentes variedades de quinua corresponde a la variedad quinua rosada de Puno con 0,124%, y la menor cantidad en la variedad quinua Pasankalla (Bolivia) con 0,047%. Tal como se muestra en la Tabla 4 y comparativamente con otros granos en la Tabla 5.

El fósforo participa conjuntamente con el calcio en la constitución del tejido óseo y dental. En las células forma parte de los fosfolípidos, las fosfoproteínas y los ácidos nucleicos, que son responsables del almacenamiento de la energía celular como enlaces de fosfato de alta energía (ATP, GTP, CTP, fosfocreatina). El fósforo, es regulador alostérico de muchas enzimas y participa en los sistemas como tampón fisiológico. Las necesidades de fosfato son del orden de 320 a 960 mg.día^{-1}. El contenido de fósforo en la quinua oscila entre 129 y 353 mg/%. El cociente Ca/P de la quinua es 0,33, lo que significa que hay un exceso de fósforo en relación al calcio (el cociente debe ser no menor de 1,2, ni mayor de 2,0) (FAO, 2011).

Tabla 4. Cantidad (mg) de minerales presentes en diferentes variedades de quinua en 100 g de porción comestible.

Variedad de quinua	Calcio (mg)	Fósforo (mg)	Hierro (mg)
Quinua blanca (Junín)	85	155	4,2
Quinua blanca (Puno)	120	165	0,0
Quinua Willd. cruda (Perú)	56	242	7,5
Quinua dulce blanca (Junín)	93	355	4,3
Quinua Willd. dulce blanca (Puno)	115	226	5,3
Quinua Willd. dulce rosada (Junín)	80	344	4,5
Quinua rosada (Puno)	124	205	5,2
Quinua dulce Quitopamba	NR	NR	NR
Quinua amarga Nariño	NR	NR	NR
Otras quinuas	NR	NR	NR
Quinua Pasankalla (Bolivia)	47	347	4,2
Quinua común amarilla (Chile)	94	140	16,4
Quinua (Ecuador)	68	430	6,6
Quinua dulce (Bolivia)	58	347	5,4
Quinua Real (Bolivia)	61	414	9,7
Quinua Coita (Bolivia)	62	250	3,1
Quinua pito (Bolivia)	57	438	8,8
Quinua Qaslala (Bolivia)	67	345	6,7
Quinua (Colombia)	55	354	5,0

Fuente: FAO (2011); Kumpun et al. (2011).
NR: no reportadas.

Tabla 5. Análisis mineral de cuatro granos selectos (en ppm).

Grano	Calcio	Fósforo	Hierro	Potasio	Sodio	Zinco
Quinua	1274	3869	20	6967	115	48
Frijol	1191	3674	86	10982	103	32
Trigo	550	4700	50	8700	115	14

Fuente: FAO (2011); Kumpun et al. (2011).

Presente y futuro de quinua

La quinua (*Chenopodium quinoa* Willd.) se adapta bien a condiciones extremas y es en la actualidad producida por diferentes países latinoamericanos como: Perú, Bolivia, Ecuador, Chile, Argentina y Colombia. En Brasil, la quinua muestra un buen potencial de producción y generalmente se exporta como quinua seca y libre de saponinas a Europa e EEUU. Para su consumo, existen diferentes formas de preparar la quinua. La harina de quinua es una de ellas y puede ser utilizada en: pan, galletas, snacks, bebidas, cereales para el desayuno, entre otras.

Según Bhargava et al. (2007), la harina de quinua posee buenas propiedades de cocción, además de posibilitar el desarrollo de productos a base de cereales libres de gluten. Como ya fue mencionado a lo largo de este texto, la quinua posee un alto valor nutritivo, siendo recientemente usada como un novedoso alimento funcional. Sin embargo, es muy importante conducir nuevos estudios que ayuden a promover, valorizar y diversificar su producción y consumo.

Un aspecto que es importante a tomar en cuenta es informar a los consumidores sobre las buenas propiedades de la quinua y dejar que lo incorporen a su dieta diaria, de manera tengan una vida más sana y nutritiva. Alternativamente, es necesario el desarrollo de productos funcionales que puedan estar disponibles en el mercado y se pueda ampliar los niveles industriales y comerciales de la quinua.

Referencias bibliográficas

ARORA, A.; NAIR, M.; STRASBURG, G. Structure-activity relationships for antioxidant activities of a series of flavonoids in a liposomal system. **Free Radical Biology and Medicine**, v. 24, n. 9, p. 1.355-63, 1998.

ARTURO, R.; BACIGALUPO, A.; BRESSANI, R. Efecto de la extrusión sobre las características funcionales y la calidad proteínica de la quinoa (*Chenopodium quinoa* Willd.). **Archivos Latinoamericanos de Nutrición** 35(1): 148-62,1985.

BHARGAVA, A.; SUDHIR, S.; DEEPAK, O. Genetic variability and interrelationship among various morphological and quality traits in quinoa (*Chenopodium quinoa* Willd.). **Field Crops Research** 101, p. 104-16, 2007.

BHARGAVA, A.; SUDHIR, S.; DEEPAK, O. *Chenopodium quinoa* – An Indian perspective. **Industrial Crops and Products** 23, p. 73-87, 2006.

BHARGAVA, A. et al. Seed protein electrophoresis of some cultivated and Willd. species of *Chenopodium*. **Biologia Plantarum** 49(4): 505-11, 2005.

BRADY, K. et al. Effects of processing on the nutraceutical profile of quinoa. **Food Chemistry** 100, p. 1.209-16, 2007.

BRIGENAR, C.; GOURDAN, S. Isolation and characterization of *Chenopodium*, the 11s seed storage protein of quinoa (*Chenopodium quinoa*). **J. of Agricultural and Food Chemistry** 41(2): 182-5, 1993.

CORRAI, B. A. et al. The content of protein and nonproteic (free and protein bound) tryptophan in quinoa and cereals flours. **Food Chemistry** 100, p. 1.350-5, 2007.

DEL CASTILLO, V.; LESCANO, G.; AMADA, M. Formulación de alimentos para celíacos con base en mezclas de harinas de quinoa, cereales y almidones. **Archivos Latinoamericanos de Nutrición**. Órgano Oficial de la Sociedad Latinoamericana de Nutrición, v. 59, n. 3, 2009.

DORMAN, H. J. D. et al. Characterization of the antioxidant properties of the deodourised aqueous extracts from selected Lamiaceae herbs. **Food Chemistry** 83, p. 1.255-62, 2003.

FAO (OFICINA REGIONAL PARA AMÉRICA LATINA Y EL CARIBE). **La quinoa:** cultivo milenario para contribuir a la seguridad alimentaria mundial, 2011.

HIROSE, Y. et al. Antioxidative properties and flavonoid composition of *Chenopodium quinoa* seeds cultivated in Japan. **Food Chemistry** 119, p. 1.300-6, 2010.

HOLMMAN, P. C.; KATAN, M. B. Absorption, metabolism and health effects of dietary flavonoids in man. **Biomedicine & Pharmacotherapy** 51(8): 305-10, 1997.

JANCUROVÁ, M.; MINAROVIČOVÁ, L.; DANDÁR, A. Quinoa – a Review. **Czech J. Food Sci.**, v. 27, n. 2, p. 71-9, 2009.

KENSIL, C. R. Saponins as vaccine adjuvants. **Critical Reviews in Therapeutic Drug Center Systems** 13(1-2): 1-55, 1996.

KULJANABHAGAVADA, T. et al. Triterpenesaponins from *Chenopodium quinoa* Willd. **Phytochemistry** 69, p. 1.919-26, 2008.

KUMPUN, S. et al. Ecdysteroids from *Chenopodium quinoa* Willd., an ancient Andean crop of high nutritional value. **Food Chemistry** 125, p. 1.226-34, 2011.

MADL T. et al. Tandem mass spectrometric analysis of a complex. Triterpene saponin mixture of *Chenopodium quinoa*. **Journal of the American Society for Mass Spectrometry**, v. 17, p. 795-806, 2006.

MENSIK, R. et al. Effects of dietary fatty acids and carbohydrates on the ratio of serum total to HDL cholesterol and on serum lipids and apolipoproteins: a meta-analysis of 60 controlled trials. **Am. J. Clin. Nutr.**, v. 77, n. 5, p. 1.146-55, 2003.

MIRANDA, M. et al. Physico-chemical analysis, antioxidant capacity and vitamins of six ecotypes of chilean quinoa (*Chenopodium quinoa* Willd.). **Procedia Food Science,** v. 1, p. 1.439-46, 2011.

MILLWARD, J. The nutritional value of plant-based diets in relation to human amino acid and protein requirements. **Proceeding of the Nutrition Society**, v. 58, n. 2, p. 249-60, 1999.

MOSKAUG, J. et al. Molecular imaging of the biological effects of quercetin and quercetin-rich foods. **Mechanisms of Ageing and Development** 125, p. 315-24, 2004.

MUJICA, A.; JACOBSEN, S. La quinoa (*Chenopodium quinoa* Willd.) y sus parientes silvestres. **Botánica Económica de los Andes Centrales.** Universidad Mayor de San Andrés, La Paz, p. 449-57, 2006.

OSHODI, A.; OGUNGBENLE, H.; OLADIMEJI, M. Chemical composition, nutritionally valuable minerals and functional properties of benniseed, pearl millet and quinoa flours. **Int. J. Food Sci. Nutr.** 50, p. 325-31, 1999.

PRICE, K. R. et al. The chemistry and biological significance of saponins in foods and feedingstuffs. **C. R. C. Critical Reviews in Food Science and Nutrition**, v. 26, n. 1, 1987.

RANHOTRA, G. et al. Composition and protein nutritional quality of quinoa. **Cereal Chem.** 70(3): 303, 1993.

REPO-CARRASCO, R.; ESPINOZA, C.; JACOBSEN, S. Nutritional value and use of the Andean crops quinoa (*Chenopodium quinoa*) and kañiwa (*Chenopodium pallidicaule*). **Food Rev. Int.** 19, p. 179-89, 2003.

REPO-CARRASCO-VALENCIA, R. A. M. Flavonoids and other phenolic compound in Andean indigenous grains: quinoa (*Chenopodium quinoa*), kañiwa (*Chenopodium pallidicaule*) and kiwicha (*Amaranthus caudatus*). **Food Chemistry** 120, p. 128-33, 2010.

REPO-CARRASCO-VALENCIA, R. A. M.; SERNA, A. Quinoa (*Chenopodium quinoa* Willd.) as a source of dietary fiber and other functional components. **Cienc. Tecnol. Aliment.**, Campinas, 31(1): 225-30, 2011.

RIDOUT, C. et al. Quinoa saponins-analyisis and preliminary investigations into the effects of reduction by processing. **Journal of the Science of Food and Agriculture**, v. 54, n. 2, p. 165-76, 1991.

RUALES, J.; NAIR, B. M. Effect of processing on *in vitro* digestibility of protein and starch in quinoa seeds. **Int. J. Food Sci. Technol**. 29, p. 449-56, 1994.

ROMO, S. et al. **Potencial nutricional de harinas de quinoa (*Chenopodium quinoa* W.) variedad piartal en los Andes colombianos – segunda parte.** Facultad de Ciencias Agropecuarias, v. 5, n. 2, 2007.

RYAN, E. et al. Phytosterol, squalene, tocopherol content and fatty acid profile of selected seeds, grains, and legumes. **Plant Foods Hum. Nutr**. 62, p. 85-91, 2007.

SIGSTAD, E.; FERNANDO, E.; PRADO, B. A microcalorimetric study of *Chenopodium quinoa* Willd. seed germination. **Thermochimica Acta** 326, p. 159-64, 1999.

SCHABES, F.; SIGSTAD, E. Calorimetric studies of quinoa (*Chenopodium quinoa* Willd.) seed germination under saline stress conditions. **Thermochimica Acta** 428, p. 71-5, 2005.

STIKIC, R. et al. Agronomical and nutritional evaluation of quinoa seeds (*Chenopodium quinoa* Willd.) as an ingredient in bread formulations. **Journal of Cereal Science**, v. 55, n. 2, p. 132-8, 2012.

STUARDO, M.; SAN MARTIN, R. Antifungal properties of quinoa (*Chenopodium quinoa* Willd.) alkali treated saponins against *Botrytis cinerea* industrial crops and products 27, p. 296-302, 2008.

WRIGHT, K. et al. Composition of a triplex hortensis, sweet and bitter *Chenopodium quinoa* seeds. **J. Food Sci**. 67(4), 1.380-3, 2002.

VALENCIA-CHAMORRO, S. A. Quinoa. In: CABALLERO, B. **Encyclopedia of Food Science and Nutrition.** Amsterdã: Academic Press, 2003. p. 4.895-902.

YAWADIO, R.; KIKUZAKI, H.; KONISHI, Y. Antioxidant activity of various extracts and fractions of *Chenopodium quinoa* and *Amaranthus* spp., seeds. **Food Chemistry** 106, p. 760-6, 2008.

6

Cadena productiva de quinua

Mayra Monteiro Viana[1]
Paulo Alexandre de Toledo Alves[2]

Introducción

La producción mundial de quinua, concentrada en algunos de los países andinos (Perú, Bolivia y Ecuador), viene aumentando expresivamente, sobre todo desde mediados de la década de 1990. Ese incremento fue más acentuado en años recientes, impulsado por la mayor demanda internacional

La quinua aún representa una parcela muy pequeña en la producción mundial de alimentos. Por lo tanto, se trata de un producto con una sólida

1. Escola Superior de Agricultura "Luiz de Queiroz" da Universidade de São Paulo – Esalq/USP. Av. Pádua Dias, 11. Caixa Postal 9. Cep 13418-900, Piracicaba, SP, Brasil. mayra.viana@yahoo.com.br
2. Centro de Energia Nuclear na Agricultura da Universidade de São Paulo – Cena/USP. Av. Centenário, 303. Caixa Postal 96, Cep 13400-970. Piracicaba, SP, Brasil.

importancia social y económica dentro de las comunidades en las que es cultivado. Por su riqueza nutricional y fuente de ingreso en muchos países, la quinua viene atrayendo la atención de consumidores, en el contexto de búsqueda de un estilo de vida más saludable vía alimentos naturales y exóticos.

Con el objetivo de atender la demanda local y, sobre todo, internacional, el cultivo de la quinua se intensifica en los tradicionales países productores. Así, la quinua viene garantizando también la generación de divisas a través de exportaciones, principalmente en el caso de Bolivia. Existen indicios de que la mayor oferta no ha sido suficiente para atender la demanda global, de modo que el precio ha alcanzado cifras elevadas. Esa reciente valorización de la quinua, por su parte, pasa a atraer nuevos productores potenciales.

El presente capítulo tiene por objetivo traer reflexiones acerca de la cadena productiva y del mercado mundial de la quinua, en paralelo a la situación de los principales países productores. Particularmente, es analizado el desempeño de la producción en Perú, Bolivia y Ecuador. Juntos, estos países responden prácticamente por la totalidad de la producción mundial. Se buscó también evaluar la demanda internacional por quinua.

La base de datos para entender la evolución del área de cultivo y volumen producido en los países seleccionados es la Organización de las Naciones Unidas para la Agricultura y Alimentación (FAO, en la sigla en inglés), a través del banco FAOSTAT. Esa fuente fue utilizada, también, para elucidar el valor de la producción, la exportación y el comercio en general del Perú, Bolivia y Ecuador. Se basó en revisión bibliográfica, con destaque para estudios del Centro para la Promoción de Importaciones (CBI) de países en vías de desarrollo del Ministerio de Negocios Extranjeros de Holanda.

Evolución de la producción mundial de quinua

La producción de quinua es históricamente centrada en el Perú, Bolivia y en menor proporción en el Ecuador. El volumen producido ha experimentado un fuerte incremento, sobre todo en los dos principales países, pero recientemente se observa mayor cosecha en el Ecuador (Gráfico 1).

Según los datos de la FAO, Bolivia cosechó más de 20 mil toneladas en la década de 1990, figurando como mayor productor del mundo de quinua, seguido por el Perú con 17,3 mil toneladas y el Ecuador con 621 toneladas. Ya en la década de 2000, el Perú tuvo un incremento de producción muy expresivo, de 74% frente a la media del periodo anterior, mientras

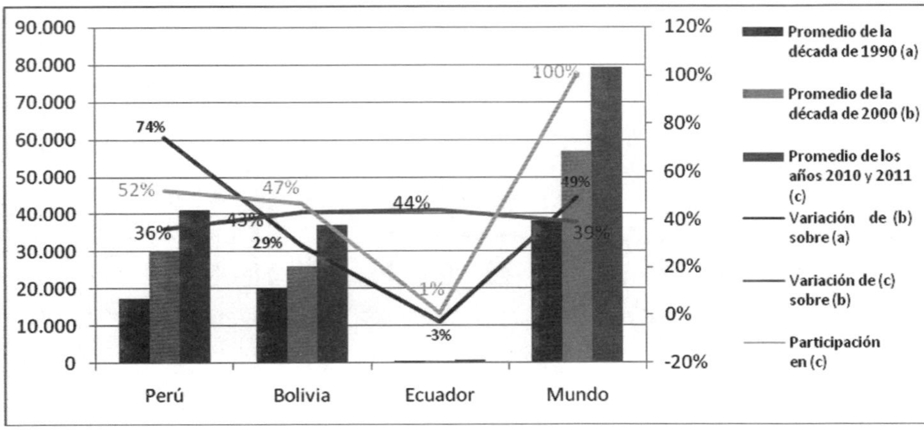

Gráfico 1. Evolución de la producción de quinua en las últimas décadas en Bolivia, Perú, Ecuador y en el mundo (presentados en toneladas). Fuente: FAO (2013).

que Bolivia creció 29%. En ese escenario, el Perú se posicionó como el mayor productor mundial de quinua, colocación que ocupa hasta ahora. En este período, el Ecuador, disminuyó el volumen producido en 3%.

En los años más recientes (media de 2010 y 2011 en comparación con la media de la década anterior), fue observado un incremento de producción en los tres países, siendo 36% en el Perú, 43% en Bolivia y 44% en Ecuador. Ese incremento vino a atender la demanda internacional por quinua (principalmente en el caso de Bolivia), la demanda local y regional (principalmente en el caso de Perú) o en respuesta a recientes retomas del cultivo (principalmente en el caso de Ecuador), siendo que este último representa poco en términos totales. En la media de 2010 y 2011, el Perú fue responsable por 52% de la producción mundial de quinua, Bolivia por 47% y el Ecuador por el 1%. Cabe resaltar que, a pesar de no estar indicado en la serie de datos de la FAO, existen evidencias de iniciativa de cultivo de quinua en otros países de América del Sur (Brasil, Chile y Argentina), en los Estados Unidos de América y hasta mismo en países Europeos. Existen informaciones que Perú, Bolivia y Ecuador serian hoy responsables por 90% de la producción mundial de quinua.

El aumento de la producción de quinua se ha revertido también en el considerable incremento de su valor de la producción (Gráfico 2). El gráfico demuestra la valorización económica que la producción de quinua representó en los últimos años, conforme datos de la FAO (2013). El valor bruto de producción (en millones de dólares, considerando la inflación en el periodo) fue mayor en 2009 y 2010, esto se explica tanto por el incre-

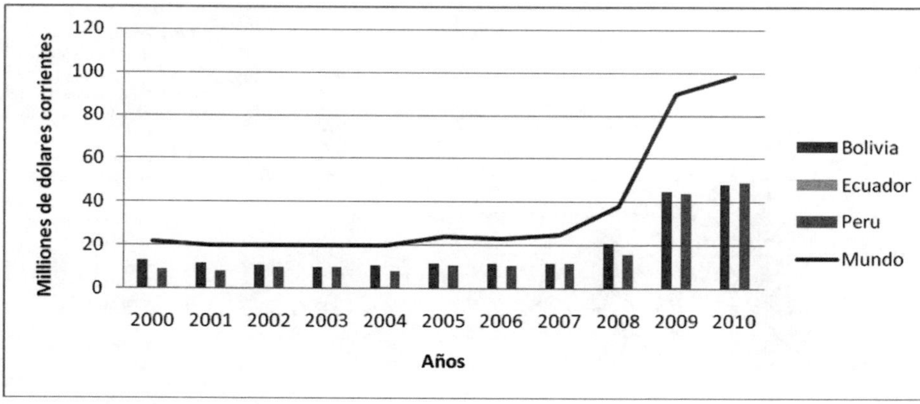

Gráfico 2. Evolución el valor bruto de la producción de quinua (en millones de dólares corrientes). Fuente: FAO (2013).

mento del volumen de producción como el mayor precio de la quinua. A pesar del crecimiento, las cifras no son muy elevadas. El valor bruto de la producción, en términos mundiales, llegó próximo a 100 millones de dólares en 2010, siendo, por ejemplo, 1000 veces menor que la soya. Por lo tanto, dentro de algunos de los países que producen quinua, su valor bruto de producción tiene cierta significancia. En Bolivia, por ejemplo, respondió en 2010 por 1,4% del valor bruto de producción agrícola y por 14,3% del valor correspondiente a cereales. En el Perú, esas representatividades de quinua fueron de 0,4% y de 2,8% respectivamente. Ya en el Ecuador, fueron bien menos expresivas, cerca de 0,01% y de 0,1% en las mismas comparaciones.

Evolución de la producción de quinua en el Perú

El Perú es hoy el mayor productor mundial de quinua por encima de Bolivia. La producción de quinua peruana tuvo crecimiento un poco superior al del país vecino. Datos de la FAO (2013) indican que el volumen producido más que triplicó en 30 años (entre 1981 y 2011). El Gráfico 3 presenta la evolución del área de cultivo, producción y productividad de quinua en el Perú (con índice 100 iniciando en 1990). En los años más recientes, la producción se mantuvo en un nivel más elevado, pero sin grandes incrementos. Los incrementos ocurridos en las últimas décadas ocurrieron principalmente por incremento del área cultivada, pero la productividad también se incrementó.

En el promedio del periodo comprendido entre 2009-2011 sobre el 2006-2008, el incremento del volumen producido fue de 32%. Para llegar

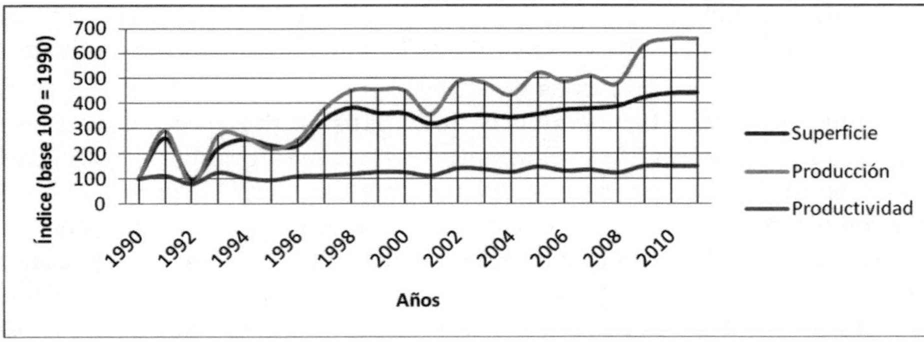

Gráfico 3. Índice de evolución del área de cultivo, producción y productividad de quinua en Perú (100 = 1990). Fuente: FAO (2013).

en este incremento, el área aumentó en cerca de 15% y la productividad también se incrementó por cerca de 15%. Así, se observa que la productividad no había alcanzado el potencial del suelo de éste país y que, ciertamente, haya espacio para nuevas ganancias de productividad.

EVOLUCIÓN DE LA PRODUCCIÓN DE QUINUA EN BOLIVIA

En Bolivia, la producción de quinua tuvo un crecimiento muy expresivo en los últimos años. Según datos de la FAO (2013), el volumen producido triplicó en 30 años (entre 1981 y 2011). El Gráfico 4, que presenta la evolución del área de cultivo, producción y productividad de quinua en Bolivia (con índice 100 iniciando en 1990), demuestra que un aumento importante ocurrió en la segunda mitad de la década de 1990, por la ga-

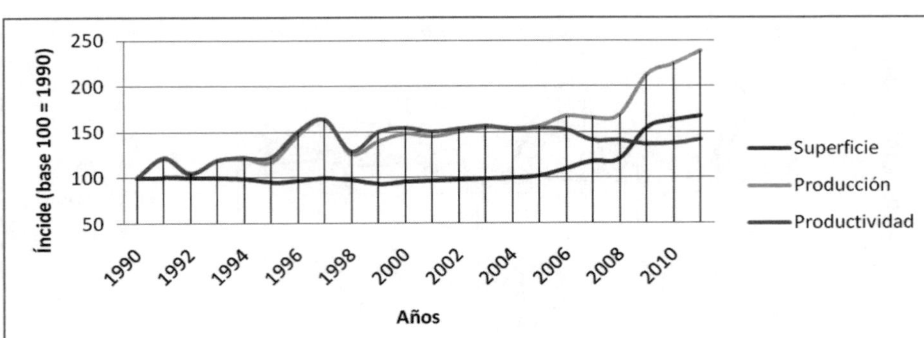

Gráfico 4. Índice de evolución del área de cultivo, producción y productividad de quinua en Bolivia (100 = 1990). Fuente: FAO (2013).

nancia de productividad. Ya en la segunda mitad de la década de 2000, el aumento de la producción fue atribuido al crecimiento del área cultivada.

Es así, que en los años más recientes, los incrementos de producción de quinua se deben básicamente a la expansión del área cultivada en zonas marginales. En 2011, el área fue 53% mayor que la de 2006, con productividad 7% menor en la misma comparación. La productividad por debajo del potencial ha sido explicada por la erosión y perdida de fertilidad del suelo, principalmente en el altiplano sur. Eso es explicado, por su vez, por la siembra de quinua como monocultivo, baja aplicación de materia orgánica y sistemas inadecuados de cosecha (con eliminación de plantas) (Collao, 2004).

Evolución de la producción de quinua en el Ecuador

La producción de quinua en el Ecuador quedo trancada por muchos años. Datos de la FAO (2013) indican que hubo una tendencia clara para la evolución en el volumen producido en el país en las últimas décadas, siendo apreciados ciclos de producción, con picos de alta y de baja en ciertos periodos. Por lo tanto, en años recientes hubo un incremento. En el promedio del trienio de 2009-2011 sobre 2006-2008, por ejemplo, el crecimiento fue de 20%.

El Gráfico 5, que presenta la evolución del área de cultivo, producción y productividad de quinua en el Ecuador (con índice 100 iniciando en 1990) demuestra los picos de incremento de producción que ocurrieron en la década de 1990. Con la productividad reducida, esos incrementos del volumen fueron condicionados a la aplicación de la superficie cultivada. Ya en la década de 2000, hubo cierta retoma de la productividad, y una leve tendencia de incremento de área cultivada y de volumen producido.

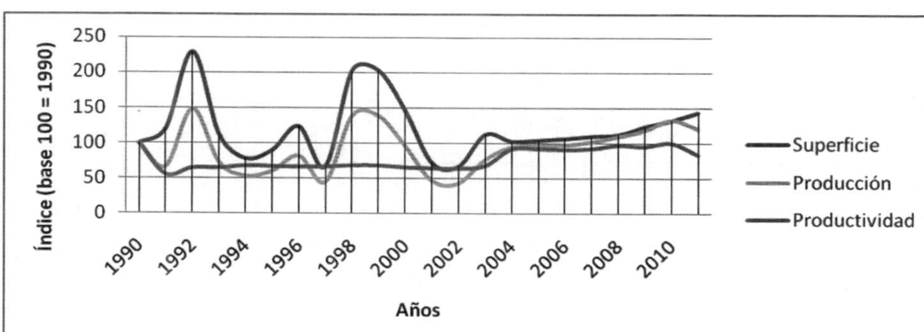

Gráfico 5. Índice de evolución del área de cultivo, producción de quinua en Ecuador (100 = 1990). Fuente: FAO (2013).

En el Ecuador, existen iniciativas más recientes de incentivo a la producción de quinua. Por lo tanto, no ocurre búsqueda por la producción intensiva como fue observado en Bolivia. El crecimiento de la producción en los próximos años dependerá de las oportunidades de mercado que la quinua presenta en comparación con otros productos, como los propios cereales, que tienen un largo cultivo en la región Andina de Ecuador.

Cadena productiva de quinua

La cadena productiva de quinua envuelve una red de agentes interconectados. Así como otras cadenas agroindustriales, existen funciones bien determinadas. De manera simplificada, la cadena productiva de quinua puede ser dividida en: 1) productor; 2) procesador; 3) mercado local; 4) exportador; 5) importador; 6) embalador; 7) distribuidor/mayorista; 8) industria de alimentos; 9) minorista, llegando al consumidor final. A seguir, el Gráfico 6 presenta esta cadena.

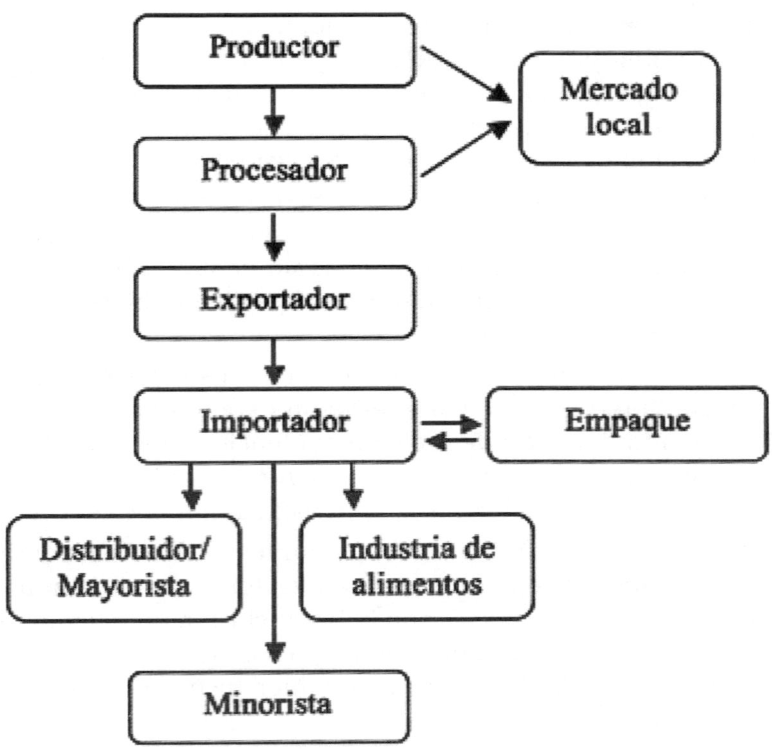

Gráfico 6. Cadena productiva de quinua. Fuente: Adaptado de CBI (2012c).

Describiendo cada eslabón de la cadena productiva, anterior al productor, existen los proveedores de insumos, no mostrados en el Gráfico 6. Se trata de la base del sistema productivo, contemplando industria de máquinas e implementos, productores de semillas e industria de pesticidas y fertilizantes. No fueron encontrados muchos estudios que eluciden la importancia de ese eslabón en la cadena productiva de quinua.

En el eslabón de la producción, existen productores de quinua, en su mayoría, de pequeño porte, muchos de ellos encuadrados como agricultores familiares. Los productores de quinua se localizan principalmente en comunidades de los Andes de Perú, Bolivia y Ecuador. Como la mayoría de los productores agrícolas, el productor de quinua es, generalmente, tomador de precio. Existen movimientos en torno de la diferenciación de quinua por medio de certificaciones, a fin de obtener precios diferenciados, demandados en los nichos de mercado en el cual la quinua se ubica.

En el eslabón de procesamiento, los productores se pueden organizar en forma de cooperativas (empresas sociales), yendo hasta la comercialización. Competir en el mercado con empresas privadas de procesamiento, las cuales adquieren quinua de proveedores. El mercado consumidor y las políticas públicas han sido más favorables a las empresas sociales (Machicado & Birbuet, 2008). El procesamiento de la quinua es realizado conforme a las etapas de remoción de impurezas, remoción de saponinas, clasificación, limpieza, secado, selección y embalaje.

Hasta 2005, el mayor problema del sector, por lo menos en Bolivia, ocurría en el eslabón procesador, por las pérdidas en los procesos y baja capacidad física de procesamiento. En los siguientes años, las empresas bolivianas elevaron substancialmente sus capacidades de procesamiento (Machicado & Birbuet, 2008).

Una parcela de quinua es vendida en el mercado local, y el restante en el mercado internacional, vía el eslabón exportador. La importancia de cada mercado depende del país en evaluación; hoy para Bolivia, el mercado internacional responde por la mayor parcela; para Perú, por la menor parcela, para Ecuador, por una parcela aún menos expresiva.

Los importadores de quinua trabajan juntos a los empacadores, que adecuan el producto que llegó al país en los formatos demandados por sus respectivos compradores. Puede haber inclusión de logomarcas, por ejemplo, o apenas acomodación y empaques menores. Dado el tamaño del mercado consumidor final, existen también distribuidores e mayoristas en actuación.

La industria de alimento adquiere la quinua para fabricación de productos finales como harinas, productos de panificación, cereales y fideos.

La venta por menor, por su vez, puede ser dividida en dos: minorista común (bodegas y supermercados) y servicio de alimentación (restaurantes, hoteles e instituciones, como hospitales). En la venta por menor, la quinua llega al consumidor tanto en formato rustico (en granos o en hojuelas, por ejemplo), cuando como ingredientes de los alimentos industrializados.

PARTICULARIDADES DE LA CADENA PRODUCTIVA DE LA QUINUA EN EL PERÚ, BOLIVIA Y ECUADOR

El Perú lidera la producción mundial de quinua, eso se debe al incremento del consumo interno y la fuerte política de incentivo a la producción, por parte del gobierno y de los organismos no gubernamentales, por ejemplo. En algunos años, se observó una caída de producción, pero eso fue debido al clima desfavorable o enfermedades (como el mildiu), pues en general, la tendencia es ascendente (Collao, 2004). Justamente por eso, el cultivo de quinua en el Perú es más favorable en regiones áridas y semiáridas de los Andes (Aguila, 2008). Una ventaja del Perú en relación a Bolivia sería el menor costo de producción, que tiene que ver con el hecho de que la producción de quinua en el Perú es el tipo más común y el procesamiento es más artesanal (Collao, 2004).

La estimativa del Departamento de Agricultura de los Estados Unidos (USDA, sigla en inglés) indicó que el Perú produciría 46,5 mil toneladas de quinua en 2013. La mayor parte del área del Perú con quinua es cultivada en el altiplano al sur del país, principalmente en la región de Puno, donde 75% de los 38,5 mil hectáreas están localizadas (USDA, 2013).

A pesar de no ser una de los principales cultivos en términos de área, la quinua comienza a figurar como un producto importante en la pauta de la exportación peruana. Hoy, la quinua ya garantiza ingreso en una de las regiones más pobres del Perú. La demanda por parte de países desarrollados dobló el precio de la quinua en los últimos cinco años. El promedio del precio de exportación del Perú, en 2007, era de US$ 1.308/tonelada, y en 2012 alcanzó US$ 2.882/tonelada. Los precios de las quinuas rojas, por ejemplo fueron aún mayores hasta US$ 4.500/tonelada (USDA, 2013).

En Bolivia, el incremento de la producción de quinua fue motivado por la exportación. El país es el mayor proveedor de quinua en el ámbito global y la exportación se produce a mercados cada vez más exigentes, resultando en ingresos para los productores locales (Medrano & Torrico, 2009).

El cultivo de quinua en Bolivia puede ser separado en tres regiones: altiplano central, norte y sur. En el Altiplano Central y Norte, existe 80% del número de unidades productoras y la quinua es dominada por pe-

queños productores. En el Norte, principalmente, la producción es más para subsistencia que para el mercado. Ya en el Altiplano Sur, donde se localizan los otros 20% de unidades productoras, la quinua es el principal producto cultivado, respondiendo por la mayor parcela de los rendimientos de la población local. En el Altiplano Sur es que se produce el tipo conocido como quinua real, que domina las exportaciones bolivianas y el comercio mundial del producto (Collao, 2004).

Un factor que preocupa es que son necesarias medidas de recuperación de fertilidad de los suelos en las regiones de Bolivia. Si la producción deje de incrementar, existe la preocupación de que en el futuro la demanda local pueda despreciarse para el mercado internacional ser atendido. Por eso es importante trabajar la seguridad alimentar de las regiones productoras, motivando el incremento de la producción y el consumo interno boliviano en paralelo con la exportación (Medrano & Torrico, 2009). La hipótesis es que si el mercado internacional es más atractivo en cuanto a precios, los productores y procesadores locales pueden prefieren exportar en lugar de vender en el país.

En cuanto al Ecuador, agricultores han sido motivados a sembrar quinua, sobre todo en locales donde generaciones anteriores la cultivaban. El Ecuador se difiere de áreas de Bolivia y del Perú por ser viable cultivas otros productos existe un buen régimen de lluvias y poca variabilidad climática. Así, la quinua no tiene un papel tan fundamental en la seguridad alimentaria de las comunidades andinas del Ecuador. De cualquier forma, asociaciones de productores y organizaciones no gubernamentales del Ecuador defienden la siembra de quinua como diversificación y para alcanzar el mercado internacional. Cabe resaltar que, en el Ecuador, la alta humedad del llamado "Ande Verde" torna la quinua más susceptible a enfermedades como el mildiu (Hellin & Higman, 2001).

Mercado internacional de quinoa

A pesar de que la quinua tiene un histórico de utilización en los Andes que datan de seis mil años atrás, el producto no es largamente conocido en otras partes del mundo. Aún es considerado, en general, nicho de mercado. Sin embargo, existe una serie de tendencias de consumo que favorecen la demanda por la quinua. De aquí en adelante, el crecimiento del consumo será atribuido al desarrollo de nuevos productos conteniendo quinua (CBI, 2012d).

Existe quinua en tres colores disponibles en el mercado: blanco, rojo y negro. La variedad más conocida y abundante es la blanca. Por eso, en

Europa y los Estado Unidos, los precios de la roja y la negra son, respectivamente, 42 y 52% mayores que la blanca. Por lo tanto en Bolivia, los precios al productor están en sentido contrario al del mercado internacional, los productores recibían 40% menos por la quinua roja y negra en comparación con la tradicional de color blanca, por motivo desconocido (Machicado & Birbuet, 2008). Aun cuando la quinua roja o la negra se exporta a países que pagan los precios más altos, los productores pueden recibir precios más bajos que para la blanca. Recuerde que la blanca es más conocida para el consumo en el país, objeto de valoración interna.

Los precios de la quinua son regidos por el mercado internacional. Algunos factores, pueden ser controlados por los exportadores en sentido de garantizar una buena remuneración en el mercado global. Dentro ellos, se destacan la calidad de la quinua, el volumen de oferta y la relación con el comprador. En relación a la calidad se garantiza un buen valor cuando el producto fue debidamente seleccionado, limpiado (remoción de saponinas), clasificación, lavado y secado. En cuanto al volumen y relación, son favorecidos aquellos con mayor capacidad de oferta y con relación al largo plazo. En materia de precios de quinua con diferentes recursos, se ha tornado menos favorable a quien exporta. Una fuerte alza en el precio de la quinua en 2007 tornó en precio establecido por el comercio justo poco atractivo frente al producto común. Además, el premio de la quinua orgánica redujo frente al valor de la convencional. En 2010, el precio de la orgánica era de 10-15% por encima de la quinua común (CBI, 2012b).

En la comunidad Europea, importadores muestran una serie de requisitos rigurosos. Entre ellos, se destacan requisitos relacionado a la calidad e a la oferta. En lo que se dice respecto a la calidad de quinua, más específicamente a la seguridad del producto, es evaluada la presencia de impurezas y también el adecuado procesamiento. Ya con relación a la capacidad de oferta, la necesidad es que el producto presente estoques reducidos, en cuanto a las industrias de alimentos y consumidores dependen del suministro continuo. Se espera que las empresas exportadoras puedan actuar junto a los productores para garantizar tal continuidad de oferta (CBI, 2012a).

Para garantizar el precio en el mercado Europeo, una oportunidad es trabajar la relación con el cliente. En aquel bloque, se desaprueba el comportamiento oportunista de exportadores en épocas de falta de quinua en el mercado y precios en subida. Así, una relación a largo plazo, a través de contratos y de cumplimiento de los mismos, es valorizado (CBI, 2012a).

En relación al apelo socio ambiental de la quinua, la orgánica exige que haya certificación y rastreabilidad de los procesos. Un factor que li-

mita la oferta de quinua orgánica certificada, como prácticamente todos los alimentos orgánicos, es el costo relativamente alto de esta adhesión a los pequeños productores. De los aspectos sociales, certificaciones específicas, como la SA 8000 y de justo comercio, pueden abrir nuevas oportunidades de mercado. Sin embargo, no necesariamente ese apelo, solo garantiza precios mayores a los proveedores (CBI, 2012a). La certificación de comercio justo puede ser factible para los pequeños productores, mientras que la trazabilidad del proceso puede facilitarse si los productores se organizan (como en cooperativas), si tienen el apoyo de empresas que reúnen lotes o de procesadoras.

En lo que respecta a los importadores en el mundo, los Estado Unidos son los mayores compradores. Sin embargo, la atención de los países que producen quinua también se vuelca a Europa. Hasta la década de 1990, el mercado francés no estaba familiarizado con la quinua. Hoy, es el mayor comprador de Europa de este producto, siendo que la quinua proviene básicamente de Bolivia. A pesar de continuar en un nicho de mercado, la quinua pasó a ser fácilmente encontrada en supermercados y tiendas de alimentos naturales. En aquel país, las apelaciones de comercio justo y de producto orgánico son comunes, acompañados de certificaciones (CBI, 2010a).

En Alemania, la quinua se trata de un producto con demanda en crecimiento, sobre todo vinculada al comercio justo y producción orgánica. Bolivia es el mayor país proveedor de quinua para Alemania. Por otro lado, Alemania también adquiere volúmenes considerables del Perú, destacándose como mayor importador de quinua peruana dentro de los países europeos. A principio, la quinua ha sido vendida en Alemania como producto rústico, en tiendas especializadas y no tanto como ingrediente de alimentos industrializados (CBI, 2010b).

Holanda figura dentro de los tres mayores importadores de quinua de Europa. Además del consumo local, el país tiene papel fundamental en la distribución de quinua entro los otros países de Europa, por la importancia de su estructura portuaria y presencia de *traders*. Los principales importadores de quinua en aquel país son especializados en productos naturales y orgánicos. En cuanto al mercado de consumidor local, está menos maduro que el francés, se asemeja al alemán (CBI, 2010c).

Con relación a la demanda por quinua en el Reino Unido, está más incipiente que en los países citados anteriormente. En general, los consumidores no tienen conocimiento sobre sus beneficios cuando comparados con otros productos de la misma categoría. Por lo tanto, existe potencial de crecimiento en el Reino Unido, y que supermercados empiecen a vender

quinua (CBI, 2010d). Este crecimiento puede ser alentado por el hecho de que la FAO declaró 2013 como el Año Internacional de la Quinua, en beneficio de la demanda, no sólo en el Reino Unido, sino también en otros lugares.

Para que el mercado internacional de la quinua continúe en ascenso, es defendida la importancia de realizar estudios que puedan identificar mercados potenciales, donde los diferentes productos, como quinua, puedan satisfacer las necesidades y deseos de los consumidores. También existe la oportunidad en promoverse las propiedades, características nutricionales y usos de la quinua, con propósito de masificar el consumo, Reducir su precio también tornaría la quinua más competitiva frente a productos substituidos. Dentro de los factores que influencian el consumidor en la compra se destacan: haber informaciones detalladas, el precio, informaciones en medios de comunicación y recibir muestras gratuitas (Minaya, 2009). Al igual que para otros alimentos, la contratación pública para incluir la quinua en los programas de alimentación institucional (como escuelas y hospitales) ampliaría el acceso entre las personas de diferentes niveles de ingresos.

Dentro de los países que abastecen al mundo con quinua, Bolivia responde por casi la totalidad de las exportaciones. Ya que Ecuador tiene exportación bastante tímida, en cuanto el Perú prácticamente no exporta a pesar de tener un volumen de producción tan considerable cuanto a Bolivia.

Analizando el Gráfico 7, es posible observar que las exportaciones de quinua aumentaron gradualmente en la última década, sobre todo a partir de 2005. Con eso, la exportación mundial aumentó casi siete veces

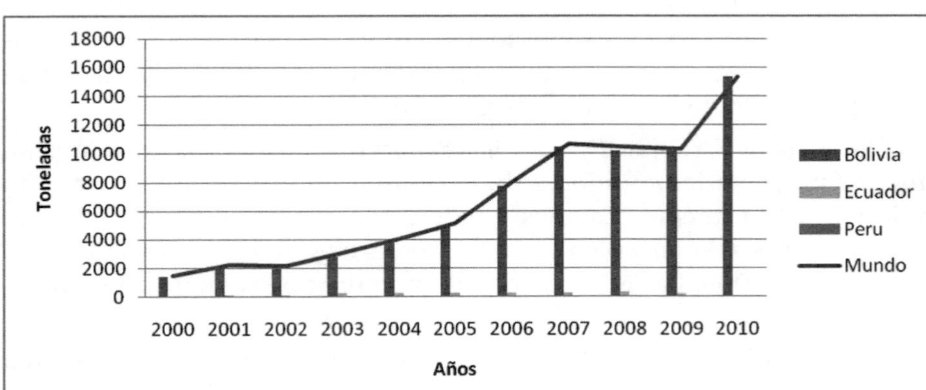

Gráfico 7. Evolución de las exportaciones de quinua en toneladas. Fuente: FAO (2013).

entre 2000 y 2010. El mayor pico en valor absoluto ocurrió en el año más reciente. Después de tres años prácticamente estables, entre 2007 y 2009, la exportación mundial fue de 10,3 mil toneladas en 2009 para 15,4 mil toneladas en 2010.

Con relación al valor recibido por países productores por la exportación de quinua, años de precio elevado motiva mayor exportación en función de comportamientos oportunistas. Se considera la serie de precios medios de la FAO (a través de la relación entre volumen exportado y valor monetario), se verifica que son dos los periodos principales de incremento del precio reciente. Uno de ellos fue de 2007 para 2008, cuando el incremento del precio promedio de la quinua exportada (promedio mundial, con elevada representatividad de Bolivia) fue de expresivos 79%. Después de quedar prácticamente estable entre 2008 y 2009, se observó otro incremento de precio promedio de 2009 para 2010: de 32%. Cabe resaltar que, entre 2000 y 2007, el precio promedio había quedado estable.

Los datos de la FAO, en lo que dice a respecto a las exportaciones de quinua por destino, están disponibles hasta el año 2010. Más allá de eso, no hubo datos para el año 2009. Sin embargo, evaluar las exportaciones bolivianas por esta fuente de información permite identificar cuáles fueron los destinos más importantes en los últimos años, bien como lo que tuvieron mayor crecimiento (Tabla 1).

La tabla anterior indica los 10 mayores importadores de quinua boliviana en el promedio de 2000 a 2010. Los Estados Unidos fueron, con larga ventaja, el mayor importador, seguido de países europeos (Francia, Holanda y Alemania). Canadá se encuentra en quinto lugar, seguido de Israel, Brasil, Reino Unido, Japón y Argentina. Si considerado ese ranking para el año 2010, Canadá saltaría como el tercer mayor importador y Brasil superaría a Israel. Argentina también pasa a tener importación más expresiva, siendo así, es posible concluir que América del Norte (Estados Unidos y Canadá) es actualmente el principal mercado para la quinua de Bolivia, seguido de Europa y de países de América el Sur.

Datos de la FAO (2013) para las exportaciones del Ecuador indican que los mayores importadores de la quinua de este origen fueron, en orden de importancia, Estados Unidos, Alemania, Francia y España. Juntos, fueron responsables por 97% de las exportaciones ecuatorianas entre 2000 y 2009. Por lo tanto, el volumen fue poco significativo frente a Bolivia.

En cuanto a Perú, los datos disponibles en la FAO (2013) remiten a los años 1992 a 1997. En este periodo, los Estados Unidos también fueron los principales compradores, seguido del Japón, Alemania, Canadá

Tabla 1. Evolución de la exportación boliviana de quinua por países importadores (valores de exportación en toneladas).

Ranking (promedio 2000-2010)	Principales Importadores	Promedio del trienio 2000-2002	Promedio del trienio 2003-2005	Promedio del triênio 2006-2008	Año de 2010	Total
1º	Estados Unidos	644	1.134	2.917	7.645	12.340
2º	Francia	456	988	1.922	2.058	5.424
3º	Holanda	334	892	1.749	1.922	4.897
4º	Alemania	251	243	911	1.173	2.578
5º	Canadá	46	42	590	1.929	2.607
6º	Israel	—	100	550	200	850
7º	Brasil	—	20	171	467	658
8º	Reino Unido	1	35	170	254	460
9º	Japón	16	121	108	81	326
10º	Argentina	22	47	57	243	369
	Otros	108	175	563	713	1.559
	Total	1.878	3.797	9.709	16.685	32.069

Fuente: FAO (2013).
Obs.: No hubo datos disponibles para el año de 2009.

y Holanda junto, esos cinco países recibieron 94% de la quinua USDA (2013), las exportaciones de quinua del Perú aumentaron cinco veces entre 2007 y 2012, en términos de valor. Existe expectativa de aumento aún mayor de la demanda después de 2013, por haber sido declarado el Año Internacional de la Quinua. Los Estados Unidos de América fueron responsables, en 2012, por cerca de 62% de la receta obtenida por Perú con exportaciones de quinua.

Oportunidades y desafios en el panorama actual del mercado de quinua

Existe una serie de oportunidades y desafíos en materia de producción y comercialización de quinua.

Dentro de los desafíos que acometen a la producción, estudios defienden que los pequeños productores de quinua de los Andes requieren aprender recursos gerenciales y tener informaciones de mercado, que les ofrezcan capacidad de negociar con gobierno, organizaciones no gubernamentales y procesadores, por ejemplo. Además, necesitan tener capacitación para que se unan con el objetivo de garantizar una cosecha uniforme y con volumen demandado por el mercado. Esto podría facilitar, hasta mismo, acceso a crédito y búsqueda por mejor infraestructura (Hellin, 2002).

En Bolivia, preocupa también que la exportación en crecimiento haya presionado el consumo local. El país, que responde por 70% de la quinua consumida en el mundo, vio que sus exportaciones crecieron. Por lo tanto, el precio del grano triplicó en los últimos cinco años y el consumo interno cayó más de 30%. En los supermercados de La Paz, la capital del país, un kilo de quinua cuesta casi US$ 5,00, cuando un kilo de arroz sale por US$ 1,00 (Santiago, 2012). Una solución podría ser el establecimiento de normas y políticas para garantizar que parte de la producción se reserve para la población local, especialmente en las zonas de inseguridad alimentaria.

También los elevados precios de la quinua en el mercado internacional atraen la atención de nuevos ingresantes. Uno de los países interesando en cultivar la quinua es el Brasil. En la región del cerrado brasileño, desde 1990, son realizados trabajos de mejoramiento para adaptar la quinua al clima local. La BRS Piabiru es la primera variedad de quinua adaptada a las condiciones brasileñas, lanzada por la Embrapa Cerrados. La perspectiva era tornar más barato el producto para el productor y consecuentemente para el consumidor (Paes, 2010).

El estado brasileño de Paraná también tiene estudios, específicos de variedades adaptadas al Sur y Sur Este del Brasil. Los investigadores creen que, en el futuro, será una opción viable y rentable para productores del Brasil (Henrique, 2008). Más allá del Brasil, otros países de América del Sur, los Estados Unidos y Europa también tienen avances en este sentido.

Como las oportunidades, el mercado es realmente promisor. En la década de 90 la quinua fue apuntada por la Nasa como un alimento adecuado para componer la dieta de astronautas, lo que llamó la atención de consumidores de todo el mundo. Ahora, el año de 2013 fue declarado Año Internacional de la Quinua, por iniciativa de la Organización de las Naciones Unidas para la Agricultura y Alimentación (FAO). Esto deberá hacer con que aún más consumidores busquen la quinua para componer una alimentación saludable.

Existen oportunidades, también, en cuanto al papel de la quinua como alternativa nutricional. Eso, en la verdad, hace parte de los objetivos de la FAO como el Año Internacional de la Quinua. Hoy, la quinua aparece como una alternativa para países que sufren con inseguridad alimentaria, en función de la capacidad de este cultivo de adaptase a la sequía, suelos pobres y diferentes altitudes (ONU, 2012). Ir más allá de las oportunidades derivadas del *boom* en el mercado, buscando medios de la quinua contribuir para la disponibilidad de alimentos y nutrientes en países de riesgo, deberá estar en pauta.

Consideraciones finales

Discusiones al respecto de la cadena productiva de la quinua está en evidencia en el medio científico y la prensa internacional. Por ser un mercado joven y con un enorme potencial de transformación, debe ser constantemente monitoreado por investigadores y agentes interesados. En pocos años, ya se vio evolución de áreas de cultivo y nuevos cambios pueden ocurrir en los principales países productores. El perfil de consumo por quinua también se altera, con demanda cada vez más promisoria vía productos industrializados. Para que los tradicionales países productores aprovechen las oportunidades derivadas del mercado de la quinua, es necesario trabajar todos los aspectos de esa cadena. Buenas prácticas agrícolas, acompañadas de herramientas administrativas, son apuntadas como primordiales. En paralelo, otros países buscan medio de producir la quinua en sus propios territorios, deslumbrados con la riqueza nutricional y elevado precio de este alimento. No se puede dejar de lado, aún, que el papel de la quinua puede desempeñar cuanto a la seguridad alimentaria y nutricional en las comunidades andinas y en otros países afectados por la desnutrición.

Referencias bibliográficas

AGUILA, D. E. **Identificación de la demanda del mercado internacional para los productos con potencial exportador del sector agrícola.** Peru: Proyecto de Cooperación EU, 2008.

CBI. Compliance with EU buyer requirements for quinoa. **CBI Market Information Database**, 2012a. Disponível em: <www.cbi.eu>. Acesso em: 30 mar. 2013.

CBI. CBI Market Information: Quinoa – EU – Peru. Prices and price developments for quinoa. **CBI Market Information Database**, 2012b. Disponível em: <www.cbi.eu>. Acesso em: 27 mar. 2013.

CBI. CBI Market Information: Quinoa – EU – Peru. Trade structure and channels for quinoa. **CBI Market Information Database**, 2012c. Disponível em: <www.cbi.eu>. Acesso em: 28 mar. 2013.

CBI. CBI Market Information: Quinoa – EU – Peru. Trends and segments for quinoa. **CBI Market Information Database**, 2012d. Disponível em: <www.cbi.eu>. Acesso em: 28 mar. 2013.

CBI. Fact sheet: quinoa in France. **CBI Market Information Database**, 2010a. Disponível em: <www.cbi.eu>. Acesso em: 30 mar. 2013.

CBI. Fact sheet: quinoa in Germany. **CBI Market Information Database**, 2010b. Disponível em: <www.cbi.eu>. Acesso em: 28 mar. 2013.

CBI. Fact sheet: quinoa in Netherlands. **CBI Market Information Database**, 2010c. Disponível em: <www.cbi.eu>. Acesso em: 28 mar. 2013.

CBI. Fact sheet: quinoa in the United Kingdom. **CBI Market Information Database**, 2010d. Disponível em: <www.cbi.eu>. Acesso em: 30 mar. 2013.

COLLAO, P. **Plan Estratégico Integral para la cadena productiva de la quinoa (documento final).** La Paz, Bolívia: Unidad de Productividad y Competitividad – Ministerio de Desarrollo Económico, 2004. Disponível em: <http://www.upc.gob.bo/upc/biblioteca/docs/cadenas/pei/PEI%20Quinoa.pdf>. Acesso em: 25 mar. 2013.

COSTAS, R. **Febre da quinoa gera conflitos na Bolívia.** BBC Brasil, Londres, maio 2012. Disponível em: <http://www.bbc.co.uk/portuguese/noticias/2012/05/120509_bolivia_quinoa.shtml>. Acesso em: 30 mar. 2013.

ECHALAR, A. M. M.; TORRICO, J. C. Consecuencias del incremento de la producción de quinoa (*Chenopodium quinoa* Willd.) en el altiplano sur de Bolivia. **CienciAgro**, v. 1, n. 4, p. 117-23, 2009. Disponível em: <http://www.ibepa.org/index-Dateien/117-123_Medrano_y_torrico.pdf>. Acesso em: 26 mar. 2013.

FAO – Food and Agriculture Organization of the United Nations. Faostat 2013. Disponível em: <http://faostat.fao.org/site/291/default.aspx>. Acesso em: 25 mar. 2013.

HELLIN, J.; HIGMAN, S. **Crop diversity and livelihood security in the Andes:** the case of potatoes and quinoa. The Intermediate Technology Development Group, 2002. Disponível em: <http://www.cprc.abrc.co.uk/pubfiles/HellinHigman.pdf>. Acesso em: 31 mar. 2013.

HENRIQUE, B. Brasil terá cultivo de quinoa. **O Estado de S. Paulo**, maio 2008. Disponível em: <http://www.estadao.com.br/noticias/suplementos,brasil-tera-cultivo-de-quinoa,175900,0.htm>. Acesso em: 25 mar. 2013.

HELLIN, J.; HIGMAN, S. **Quinoa and rural livelihoods in Bolivia, Peru and Ecuador.** FINCA Update (Oxford Uni. Oxford, Eng.), 2003. Disponível em: <www.maketradefair.com/assets/english/quinoa.pdf>. Acesso em: 25 mar. 2013.

MACHICADO, C. G.; BIRBUET, J. C. **Technological change, productivity and growth in quinoa processing companies.** Presentation on II Discussion Seminar Understanding Productivity Levels, Dispersion and Growth in Latin American and Caribbean Industries, 2008.

MINAYA, F. S. Cadena agroalimentaria de la quinoa y la maca peruana y su comercialización en el mercado español. Madrid, 2009. 432p. Tese (Doutorado) – Universidad Politécnica de Madrid. Disponível em: <http://oa.upm.es/3085/1/FERNANDO_SALCINES_MINAYA.pdf>. Acesso em: 29 mar. 2013.

ONU. **FAO elege 2013 como Ano Internacional da Quinoa**, 2012. Disponível em: <http://www.onu.org.br/fao-elege-2013-como-ano-internacional-da-quinoa/>. Acesso em: 27 mar. 2013.

PAES, C. L. **Produção de quinoa no Brasil conta com o reforço da Embrapa Cerrados.** Planaltina: Embrapa Cerrados, 2010. Disponível em: <http://www.cpac.embrapa.br/noticias/noticia_completa/203/>. Acesso em: 26 mar. 2013.

SANTIAGO, D. Quinoa a peso de ouro. **Dinheiro Rural**, novembro 2012. Disponível em: <http://revistadinheirorural.terra.com.br/secao/agronegocios/quinoa-peso-de-ouro>. Acesso em: 27 mar. 2013.

USDA – United States Department of Agriculture. **Grain and feed report:** quinoa overview. US Government, 2013. Disponível em: <http://gain.fas.usda.gov/Recent%20 GAIN%20Publications/Quinoa%20Overview%20_Lima_Peru_2-28-2013.pdf>. Acesso em: 27 mar. 2013.